普通高等教育通识类课程系列教材

思考的艺术：让创新成为你的DNA

名誉主编　黄　鑫

主　编　杨璐璐　武　晓

副主编　刘迟晓霏　李兴兴　何青蔚

中国水利水电出版社
www.waterpub.com.cn

· 北京 ·

内 容 提 要

本书旨在为西安欧亚学院四年制本科学生以及三年制大专学生提供一套行之有效的创新流程。本书将“创新”一词重新进行了界定，向读者介绍了何为创新以及创新的特征与种类。在此基础上将批判性思维、设计思维与创新相融合，阐明了批判性思维与设计思维对创新的重要作用，并向读者详细地展示了在创新的过程中应当如何运用批判性思维技巧与设计思维流程。

本书采用大量真实案例，以生动的形式对批判性思维与设计思维如何在创新过程中发挥作用进行了介绍。

图书在版编目（CIP）数据

思考的艺术 : 让创新成为你的DNA / 杨璐璐, 武晓主编. -- 北京 : 中国水利水电出版社, 2021.8（2024.1重印）
普通高等教育通识类课程系列教材
ISBN 978-7-5170-9778-5

Ⅰ. ①思… Ⅱ. ①杨… ②武… Ⅲ. ①创造性思维－高等学校－教材 Ⅳ. ①B804.4

中国版本图书馆CIP数据核字(2021)第149244号

策划编辑：王利艳　责任编辑：张玉玲　加工编辑：武兴华　封面设计：李　佳

书　　名	普通高等教育通识类课程系列教材 思考的艺术：让创新成为你的 DNA SIKAO DE YISHU: RANG CHUANGXIN CHENGWEI NI DE DNA
作　　者	名誉主编　黄　鑫 主　编　杨璐璐　武　晓 副主编　刘迟晓霏　李兴兴　何青蔚
出版发行	中国水利水电出版社 （北京市海淀区玉渊潭南路 1 号 D 座　100038） 网址：www.waterpub.com.cn E-mail：mchannel@263.net（答疑） sales@mwr.gov.cn 电话：（010）68545888（营销中心）、82562819（组稿）
经　　售	北京科水图书销售有限公司 电话：（010）68545874、63202643 全国各地新华书店和相关出版物销售网点
排　　版	北京万水电子信息有限公司
印　　刷	三河市德贤弘印务有限公司
规　　格	170mm×240mm　16 开本　10.5 印张　140 千字
版　　次	2021 年 8 月第 1 版　2024 年 1 月第 6 次印刷
印　　数	15001—16500 册
定　　价	38.00 元

前　　言

对当代的中国大学生来说，通识能力的培养变得越来越重要。通识能力不仅包括写作和表达的能力、团队合作的能力、信息搜集的能力，还包括批判性思考和创新的能力。作为学生，无论选择哪一专业学科，都应当具备创造性解决问题的能力。

创新一词，古就有之。《南史·后妃传上·宋世祖殷淑仪》载："据《春秋》，仲子非鲁惠公元嫡，尚得考别宫。今贵妃盖天秩之崇班，理应创新。"在不同学科领域里创新的定义和侧重点并不相同。从哲学范畴出发，创新是一种人的创造性实践行为，而创意是创新的特定思维形态，意识的新发展是人对于自我的创新。发现与创新是人类自我创造及发展的核心矛盾，其代表两种不同的创造性行为。只有对于发现的否定性再创造才是人类创新发展的基点。实践是创新的根本所在。创新的无限性在于物质世界的无限性，创新也可简单解释为，人类提供的前所未有的事物的一种活动。在这一定义里有两个关键词：前所未有、事物。"事物"一词很好解释，它涵盖了天文地理、自然科学、社会科学、国家政权、社会民生等一切物体和现象。"前所未有"主要是指首创性，而首创根据参考系的不同就有两层含义了。其一，这种创新相对于全人类或者其他人来说是独特的、唯一的，比如爱因斯坦发现相对论。其二，这种创新相对于其他人已经不是第一了，但对于自己来说已经是突破、首创了，这也是一种前所未有。比如，班级里开始实行以前从没有过的新的学习管理方法，新的班级制度、改进措施等。

创造性思维不被专业或者学科所限制，每个人的创新能力都应该且都能够被培养与激发。创新能力的培养需要我们将批判性思维和设计思维结合起来，加以训练。凡事先易后难，相较于革命性的创新，对自身的突破和再创造是较容易的。本书将从第二种创新方式入手，鼓励大家从身边出发，从小事出发，在理解批判性思维含义、运用设计思维方法的基础上进行创新活动。

本书的编写基于西安欧亚学院通识 DNA 课程“思考与创新”，吸收了理查德·保罗先生的《批判性思维工具》、鲁百年先生的《创新设计思维：设计思维方法论以及实践手册》、谷振诣与刘壮虎先生的《批判性思维教程》、董毓先生的《批判性思维原理和方法——走向新的认知和实践》等著述中的理论精髓。各章节以理论传授、案例分析与实践活动相结合的方式进行编排，内容框架具有科学性及合理性，可对读者的批判性思维能力、创新思维能力以及分析问题、解决问题的能力进行培养。在内容设计上，从读者实际出发，将案例、活动及实践训练三者贯穿起来，使读者深入理解批判性思维的特征及结构诸要素，学会识别及重构论证，并能够通过设计思维五步法进行创新设计；以“大胆想象、小心求证”的思维模式为切入点，以批判性思维及创新设计思维两个模块贯穿始终；用“批判性思维”知识训练读者“小心求证”的思维习性，以“创新设计思维”知识理论指导读者进行“大胆想象”。

基于此，本书分为四章：第一章通过对创新内涵的讲解，帮助读者厘清批判性思维、设计思维和创新之间的关系；第二章通过对批判性思维八要素的讲述，帮助读者深入理解批判性思维的含义及其在生活中的应用；第三章以设计思维五步法为线索，通过对五步法步骤以及项目案例的讲解，进一步帮助读者认识设计思维与创新的关系及其在实践中的应用；第四章通过对具体案例的展示与说明，帮助读者理解在现实生活中如何运用批判性思维和设计思维解决问题，探索思考与创新的奥秘和乐趣。

本书由西安欧亚学院通识教育学院“思考与创新”课程组编写，由杨璐璐、武晓任主编，负责全书的统稿、修改、定稿工作，由刘迟晓霏、李兴兴、何青蔚任副主编，参与本书编写的还有武君蔚、刘昕、蒲转莉、刘轩、邢江姹（排名不分先后）5 位课程组骨干教师。

编　者

2021 年 5 月

目　　录

第一章　概述

本章导读

创新能力是近年来在各个领域出现的高频词，如何获得创新能力也成为教育者们一直探讨的问题。创新作为一种思维活动与思维的提升密不可分。本章在对创新的内涵与本质进行深入介绍的基础上，带领大家了解批判性思维与设计思维和创新的关系，为之后的学习搭好框架。

第一节　创新的内涵与本质

随着时代的发展、社会的变迁、AI 的兴起，无数职业被 AI 所替代，无数行业面临转型的挑战，在这种大背景之下，创新能力成为了高精尖人才必须具备的一项技能。如何在社会上更加具备竞争力？如何在各国人才中脱颖而出？创新能力成为了一项关键指标。

在全球一体化的今天，各国之间的竞争已经演变成创新能力的竞争，我国《国家创新驱动发展战略纲要》指出“创新强则国运昌，创新弱则国运殆”“创新驱动实质上是人才驱动”。正如皮克斯公司总裁艾德·卡姆尔（Ed Catmull）在他的著作《创造力公司：克服阻碍真正灵感的无形力量》一书中所描述的那样“我们必须用意想不到的反应来面对意想不到的问题”。因此如何提升竞争力的关键是如何提升创新能力。

一、创新的概念、特质及类型

（一）创新的概念

关于何为创新，在各个时期不同的学者都试图从自己的专业领域出发对创新一词做出准确的阐释。心理学家罗伯特·J.斯滕伯格（Robert J. Sternberg）认为创新是一种提出或产生具有新颖性和适切性工作成果的能力；美籍经济学家约瑟夫·阿洛伊斯·熊彼特（Joseph Alois Schumpeter）指出创新是指把一种新的生产要素和生产条件的“新结合”引入生产体系的能力；美国著名设计公司 IDEO 的总经理汤姆·凯利（Tom Kelley）认为创新是善于观察一般人习以为常的事，从细微处入手，打破常规的能力。鲁百年教授认为创新是指人们为了发展的需要，运用已知的信息，不断突破常规，发现或产生某种新颖、独特的有社会价值或个人价值的新事物、新思想的活动。从中可以看出，不管是从哪一个领域出发对创新进行阐释，最终创新都被定义为一种能力或是一种行为。

我们对前人的观点进行总结与提炼，以汤姆·凯利（Tom Kelley）的观点为基础结合社会学理论，对创新进行如下的定义：创新是为了自身需求，运用已存在的事物或经验，打破常规，产生新成果的能力或行为。

创新的外延十分广泛，它可以是产品的结构、性能和外部特征的变革；是造型设计、内容的表现形式或手段的创造；是内容的丰富和完善；是流程和商业模式的重新再造；是企业战略转型的模式，甚至是社会责任的转变等。

（二）创新的三大特质

在判断一个行为是否是创新行为或一个成果是否属于创新成果时，我们会发现仅仅凭借概念很难做出精准的判断，这时就需要对创新的三大特质进行了解。

鲁百年教授在其著作《创新设计思维：设计思维方法论以及实践手册》

中提及，我们通常所说的创新应当同时具备三大基本特质，即独特性、可行性以及价值性。一项成果或者一种行为必须同时符合这三个特质我们才能称之为创新。接下来，我们将对这三大基本特质分别进行阐述。

1. 独特性

创新的核心是“新”，这里的“新”便是我们在这里提到的独特性。独特性是指一件产品或一种行为必须具备“独一无二”的特性时才能够被称为创新。显而易见，简单的复制与模仿都不具备独特性，因此无法被称作创新。在这里需要注意的是“独一无二”并非是说只有凭空想象出来的产品或行为才能被视作创新。有些时候我们会将已有行为或物品进行变革或者重组、拆分，从而改变原有物品或行为的性能对其进行优化，这种调整也是一种创新。市面上的全包式挂钩衣架，仅仅是将传统的半包式挂钩进行微调变成了全包式，但因其具备独一无二性并满足了目标客户的需求，所以这种衣架可以被称作创新产品。

2. 可行性

创新的另外一个特质为可行性。可行性是指在目前的技术条件下所想到的独一无二的想法必须是可以实施的。

在冯小刚导演的电影《不见不散》中葛优饰演的刘元有这样一段有趣的独白，他说：“受印度洋暖湿气流的影响，尼泊尔王国气候湿润、四季如春。而山脉的北麓气温陡降，终年积雪。再加上深陷大陆的中部，远离太平洋，所以自然气候十分恶劣。如果我们把喜马拉雅山炸开一道五十公里宽的口子，把印度洋的暖风引到我们这里来。试想一下，那我们美丽的青藏高原从此摘掉落后的帽子不算，还得变出多少个鱼米之乡。”在这段话中，通过将喜马拉雅山炸出一道五十公里宽的口子将暖湿气流引入青藏高原这个想法的确具备新颖性与独特性，但在目前的技术条件与资金条件下是否能够让想法落地是一个有待商榷的问题，因此我们无法说该想法具备创新性。

3. 价值性

创新的第三个重要特质为价值性，在新产品生成或服务变革的过程中我们需要明确如下几个问题：

（1）我们的目标客户是谁？

（2）我们目标客户的需求是什么？

（3）我们的新产品或新服务是否能够满足目标客户的需求？即我们的产品或服务是否能够为目标客户带来价值？

在考量价值性时我们要切记不要从自身角度出发去进行思考，而是要切实地关注到目标客户的真正需求，只有这样才能创造出对其有价值的产品与服务。

（三）创新的四大类型

依照不同的标准我们可以将创新划分成许多种类，这里我们借用鲁百年教授的划分依据，依照创新时风险与机遇的大小将创新分为四大类型，分别是变革创新、市场创新、品类创新与运营创新。

1. 变革创新

变革创新的对象一般是社会整体，其创新内容通常会成为划时代的标志。比如蒸汽时代（工业时代 1.0）向智能化时代（工业时代 4.0）的迈进。变革创新会对社会与国家产生巨大的影响，但同时也会带来巨大的风险，因此可以说变革创新的过程是充满风险的过程，变革创新也是难度最大的一种创新。

2. 市场创新

市场创新的对象一般是企业，是指企业通过引入并实现各种新市场要素的商品化和市场化，以开辟新的市场，促进企业生存与发展的新市场研究、开发、组织与管理等一系列相关活动，包括营销手段的革新，例如利用互联网进行网络直播以及营销观念的更新等。与变革创新相比，市场创新的风险相对来说较低，但风险仍旧大于机遇。

3. 品类创新

品类创新又被称作产品创新，是我们熟知的一种创新类型。品类创新要求创新者清晰地描绘出目标客户的画像并站在目标客户的角度上，以满足其需求为目的进行创新。与变革创新、市场创新相比，品类创新的风险小、难度低。

4. 运营创新

运营创新是指对企业内部的流程、规范以及规章制度等进行变革。我们也可将运营创新称作服务创新。运营创新的风险与其他三种创新类型相比是最小的，难度也是最低的。但需要注意的是，运营创新也同样需要创新者从目标客户的需求出发去进行创新。比如：原先要上图书馆自习的同学需要早起在图书馆外排队抢座位，随着互联网技术的进步，图书馆开设了网上预约自习座位的服务，免去了同学们早起的痛苦，这种以学生为中心的变革就叫作运营创新。

二、框架内创新

许多人认为创新灵感的迸发是刹那之间的事情，是一种可遇而不可求的事情。但当我们仔细剖析每一个创新过程时会发现，每一种新想法的产生抑或是灵感的迸发都遵循一定的模式，在这里我们采用德鲁·博迪（Drew Boyd）与雅各布·戈登堡（Jacob Goldenberg）的说法，将这种模式统称为“框架”。德鲁·博迪（Drew Boyd）与雅各布·戈登堡（Jacob Goldenberg）在其著作《微创新：5 种微小改变创造伟大产品》中提出：创造力的提升源于对思想的制约，而非放任。在需要用创造力来解决问题时，先明确你的所需，限定一个框架，然后在框架内寻找答案。这远比漫无目的地发散思维或静候灵感降临更有效。

那么何为“框架”？我们又应该如何去寻找“框架”呢？现有的经验、认知甚至已存在的一切素材都能够被称作“框架”。大多数人认为要实现创新需要突破思想的禁锢，跳出框架去思考，但事实恰恰相反，要想实现创新必须以现有的经验或素材为基础，在此基础上进行调整与变革从而实现创新。詹姆斯•韦伯•扬（James Webb Young）在其著作《产生创意的技巧》中提出“新想法不过是把以前的事物重新组合罢了”，这些现有的经验、素材以及旧事物就是我们所说的“框架”。

为了进一步对“框架”进行了解，我们在这里借用德鲁•博迪（Drew Boyd）在其书中列举的一个生动的例子来说明。1968 年，在墨西哥举办的奥运会赛事中，理查德•迪克•福斯贝里（Richard Dick Fosbury）凭借其独创的背越式跳法摘取了跳高项目的金牌。福斯贝里的跳法与当时跳高界盛行的跨越式跳法大相径庭。在跨越式跳法中，跳跃者面向横杆，助跑起跳，身体一侧先着地；而福斯贝里则是侧面朝向横杆助跑，在腾空而起时背向横杆。

在之后的采访当中，福斯贝里向大众透露了背越式跳法是如何被创造出来的秘密：福斯贝里在 10 岁时接触跳高，在当地的体育馆中，他模仿其他孩子的动作，学会了体能消耗大而且已经落伍的剪式跳法。之后福斯贝里尝试使用跨越式跳法，但都失败了，因此他一直使用传统的剪式跳法参赛。

但在比赛的过程中，福斯贝里意识到要想提高成绩，他必须对现有的剪式跳法做一些改进与调整。因为在使用剪式跳法时，福斯贝里的背部很容易撞杆，为了弥补这一缺陷，福斯贝里尝试抬高臀部，这样会使他不自觉地压低肩膀。因为福斯贝里的调整是逐步进行的，当他开始在赛场上崭露头角时人们才发现他的跳法与其他人都不同。2003 年运动专家们评价“福斯贝里跳”是体育史上的一次重大革命。在他们的评价体系中，塑胶跑道和运动跑鞋等发明只得到了 2～3 分，而“福斯贝里跳”的平均得分为 5 分。

“福斯贝里跳”的产生过程向我们生动地展示了创新灵感是如何在框架内产生的，在研发新的跳高技巧时，福斯贝里将已有的剪式跳高经验与实际情况相结合，对传统的剪式跳高逐步进行微调，创造出了现今广为人知的新式跳高技巧。在整个创新过程中，福斯贝里所运用的“框架”就是剪式跳高的技巧以及运用剪式跳高时会出现的问题，因此是“框架内思考”帮助福斯贝里实现了创新及获得成功。

案例分析：请对以下两个创新产品进行观察，与你的同伴聊一聊这些产品的创新框架是什么。

图 1-1 为一种可拆卸的排插。当我们在使用传统排插时总是会出现相同的困扰，那就是传统排插很难满足我们将每个插孔都插上电器的需求。由于传统排插每一个插孔之间的间隔相对较小，因此我们很难将每一个插孔都利用起来。可拆卸的排插的设计者发现了排插用户的需求之后将传统的排插进行了改进，每一个插孔都能够被独立地分离出来并且用户可以随意调整插孔的顺序与位置，从而达到充分利用插孔的目的。在该产品进行设计的过程中，其利用的框架便是我们使用的传统排插，在框架中对顺序以及功能进行调整，实现了创新性的改造。

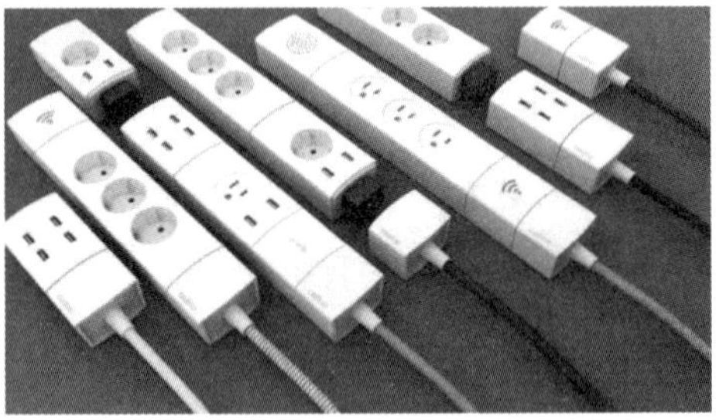

图 1-1　可拆卸排插

图 1-2 为一种帮助我们更便捷地开启易拉罐的圆套圈。在我们开启易拉罐时总是会遇到这样的难题：当我们的指甲过短或手指受伤时，我们会发现要想开启易拉罐是十分困难的一件事。这时的易拉罐并不“易拉”。该案例中的圆形套圈设计的目的就是帮助我们解决这种困扰。设计者将该圆套圈设计为一边略高一边略低的样子，当我们将圆套圈固定在易拉罐上时，

低的一边与易拉罐罐体平行，高的一边略微高出罐体。当我们想要开启易拉罐时，只需要将拉环从低的一边扭转至高的一边，如此一来，拉环与罐体中间便会出现间隔以方便我们对易拉罐进行开启。在案例中，创新的框架为传统的易拉罐罐体，在传统的罐体之上做出的一点小改变便能够满足用户的需求、实现创新。

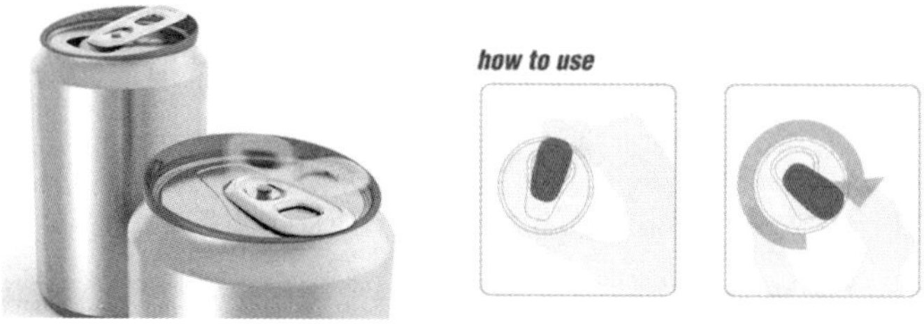

图 1-2　易拉的易拉罐

三、创新三大要素

创新成果的产生并不是偶然的灵感闪现，而是大脑在合适的环境中以及正确的思维框架下进行创造性思考活动的结果。创新成果的产生不仅仅是对目标对象的改造，在创新的过程中需要颠覆原有的思考模式，对现有的思考方式进行革新，而要达到这个目标，我们就需要跳出习以为常的环境、合作模式甚至是行为习惯。对于我们而言，以下三种要素对创新灵感的激发起着至关重要的作用，如何利用这三种要素充分地调动起我们的创新能力是我们接下来需要讨论的问题。

（一）创新环境的创造

创新能力的提高以及创新灵感的迸发需要一系列外部因素与内部因素的共同作用。这里的环境就是我们所说的外部因素。环境是影响创新能力形成的首要因素，我们会发现在一个循规蹈矩、推崇规章制度以及崇尚一言堂的环境中很难使创新能力得到提高，更不用说迸发出创新灵感。那么什么样的环境能够帮助我们实现创新？什么样的环境能够激发创新灵感？

首先，要想实现创新需要一个鼓励创新的大环境。这里的大环境，包括整个社会环境也包括每个人所处的组织中的环境。当一个社会或是一个组织将鼓励创新作为其所秉承的原则时，该社会或组织中的一切软件条件与硬件条件都会为创新行为提供支持，为创新灵感的形成提供助力。

其次，创新的实现有赖于创新文化与容错机制的建立。无论对社会、组织还是个人来说，创新文化对于创新灵感的激发都是十分重要的。如何判断一个社会或组织是否具备创新文化呢？每当一个大胆的想法被提出时，如果想法提出者收获的是积极的肯定，并且其所在的社会或组织能够尽全力将想法付诸实践，这就说明该社会和组织具备良好的创新文化。另外我们需要知道，创新的过程并不是一帆风顺的，将一个灵感变为现实的过程中往往充斥着大量失败的经验。对于创新，我们需要承认的是这并不是一个简单的过程，创新意味着我们目前所做的一切之前并没有人去做过，所以在这个过程当中更需要我们的耐心与包容。任何鼓励创新的社会与组织都需要创造一个积极氛围，在这个氛围当中失败是被允许的，这是一种实验文化，也可以被称作一种容错机制。当然我们需要注意的是，容错机制并不等同于无限度的包容，容错机制是在保证遵守法律法规以及基本原则之上的包容。

最后，创新灵感的出现一定发生在一个专用的开放空间中。据说，皮克斯公司的动画创作者们在一次简单的午餐会上就构思出了《虫虫特工队》《怪物公司》《海底总动员》《机器人瓦力》等好几部动画电影的主要情节与角色。如果让这些创作者们坐进小小的工作间，一边对着电脑一边冥思苦想如何创造出一部有趣的动画，那么可能我们就无法欣赏到这些梦幻般的故事了。开放的空间环境能够激发大脑活跃度，并且能够最大限度地促进随意性交流，这些都是创新灵感迸发的重要保证要素。《创造力公司》一书中讲述了一则关于 20 世纪 90 年代末史蒂夫·乔布斯（Steve Jobs）为皮克斯设计新办公楼的轶事。按照卡姆尔（Catmul）的说法，乔布斯为皮克斯一栋单独的大楼定下了一些原则，其中一条原则就是“要鼓励人们见面与交流”。

（二）创新人员的构成

想要激发出创新灵感，除了对环境有所要求外，对于创新主体也有一定的要求。首先，在一个创新空间当中，在激发创新灵感的过程中，人员的构成一定要具备多元化的特点。多元化的人员意味着在一个团队里，应当尽可能地融合具备不同学科背景的专业人员，切忌人员构成单一化。卡里姆•拉克尼（Karim Lakhani）教授和拉斯•波•杰朴森（Lars Bo Jeppesen）教授在 2007 年 5 月出版的《哈佛商业评论》中写道：“激进的解决方案往往出现在不同领域的交叉处。”“参与解决问题的人差别越大，那么问题被解决的可能性就越大。人们喜欢把问题和自身在工作中遇到的问题联系起来，即便是不同的领域。”在创新性解决问题的过程中，要确保参与的人来自不同的领域，创建跨领域的团队。

其次，作为创新的主体，应当有意识地对一些有助于实现创新的特质与技能进行培养。第一，作为创新主体应当善于建立联系，能够发现不同事物之间的内在联系；第二，勤于质疑，具备独立思考的能力；第三，目标清晰，能够明确目标并且能够为了实现目标不懈奋斗；第四，具备开放、包容的心态，能够以理性的态度处理异见，不轻易否定他人的想法；第五，能够有意识地不断拓宽自己的眼界，提升自己的直觉。

（三）创新工具的使用

创新不仅需要创造合适的外部环境，找到符合条件的人员，还需要一套行之有效的方法论。创新方法论能够帮助我们更快、更好地实现创新，将创新流程化、标准化，使创新有迹可循。在之后的章节当中，本书会分别对批判性思维与设计思维进行详细的介绍，对批判性思维与设计思维之于创新的意义进行说明并充分阐述应当如何利用批判性思维与设计思维实现创新。

第二节　批判性思维、设计思维与创新

上一节中我们已经对创新的内涵与本质进行了说明。本节将主要对批判性思维、设计思维与创新之间的关系进行论述。我们将从概念的诠释开始逐步揭示批判性思维、设计思维与创新的关系。

一、批判性思维的定义

批判性思维最初的起源可以追溯到苏格拉底（Socrates）。在现代社会，批判性思维被普遍确立为教育特别是高等教育的目标之一。因其没有学科的限制，任何主题和专业的论题都可从批判性思维的视角来审查。美国伊利诺伊大学教授罗伯特·H.恩尼斯（Robert H. Ennis）提出“批判性思维（critical thinking）是一种理性的、反思性的思维，它决定了人应该相信什么和做什么”。该定义向我们说明了批判性思维的两大特征为理性与反思。我们也可以将批判性思维视作通过一定的标准评价思维，进而改善思维的能力，其既是思维技能也是思维倾向。同时批判性思维也是一种思维素养、一种人格或气质。它既能体现思维水平，也可以凸显现代人文精神。

批判性思维是人的思维发展的高级阶段，它包含着如何质疑以及如何判断。如何质疑也就是学会提问，这是批判性思维的基础；如何判断也就是学会解答，用有说服力的论证和推理给出解释和判断，包括新的、与众不同的解释和判断。把这两个特征结合在一起，批判性思维就是以提出疑问为起点，以获取证据、分析推理为过程，以提出有说服力的解答为结果。在这个意义上，“批判性”（critical）不是“批判”（criticism），因为“批判”总是否定的，而“批判性”则是指审辨式、思辨式的评判，多是建设性的。

讲到这里，便不得不提审辨式思维。曾几何时，批判这个词是跟斗争紧密联系在一起的。其实正如上文所述，批判性思维并非否定一切，而是不断地进行反思、理性地进行思考。纵览古今中外，几乎所有的领袖们都善于进行批判性思考。有人主张用更贴近我们传统文化与认知的“审辨式思维”来取代“批判性思维”，那么“审辨式思维”与“批判性思维”等同么？是否能够相互替代呢？以下进行分析。审辨式思维的概念来自我们传统文化“博学、审问、慎思、明辨、笃行”。依据维基百科的解释，审辨式思维是一种判断命题是否为真或者部分为真的方式，审辨式思维是学习、掌握、使用特定技能的过程，审辨式思维是一种通过理性达到合理结论的过程。在这个过程中包含基于原则、实践和常识之上的热情和创造。尽管审辨式思维与批判性思维的概念有相似之处，但我们认为，使用“批判性思维”的说法更能体现该思维方式的特质。

二、设计思维的定义

设计思维在不同的语境下可以有非常多不同的定义。从广义上来讲，设计思维既是一种积极改变世界的信念体系，也是一套进行创新探索的方法论系统。设计思维以人们生活品质的持续提高为目标开展创意设计与实践。我们可以将设计思维的思维方式大致分为四种：逆向和顺向的思维方式、发散和聚集的思维方式、转换与位移的思维方式、创新与关注细节的思维方式。我们所说的设计思维是指来自斯坦福大学设计学院的设计思维方法论，其被称为设计思维五步法，它包含的五个步骤分别是移情、定义、设想、原型、测试。后面的章节会为我们非常详细地介绍这几个步骤具体如何运作。

设计思维是我们发现核心问题和实现创新的基本工具。利用设计思维，我们不仅可以成为某一款产品的设计者，也可以成为生活的创新者。我们有些时候会习惯性地屈从于权威、被动接受一切被认为是“对”的信息和知识、在解决问题时倾向于认为只有单一的解决方式，因此遇到困难时难免会“钻牛角尖”，或被某一特定观点蒙蔽了双眼。如果我们长期以这种固定的思维模式去思考和生活，将难以培养独立思考的能力和养成多角度思考的习惯。通过对设计思维的学习，我们可以改变思路，寻找到另一种思考的维度。

三、批判性思维、设计思维和创新的关系

尽管目前人们已经达成共识："创新"已经成为未来高质量人才必不可少的能力素养，但是如何使用科学的方法锻炼自身从而成为"创新型人才"仍是亟须解答的难题。在学习创新知识或培养创新能力时，很多人都难免陷入"创新等同于灵光乍现"的误区。事实上，在认识和改造世界的过程中，创新思维并不会突然从无到有，即使灵感一闪也应当是基于实践的结果。创新的同时要随时运用批判性思维辅助修正；在进行批判性思考时也需要运用创新思维，二者在思维活动的过程中共同发挥作用。

批判性思维能力与创新能力的要求与标准在一定程度上存在相通之处。1990 年，46 位批判性思维学者在《德尔菲报告》的"专家共识声明"中指出："理想的批判性思维者喜欢探索、全面了解、信任理性、思想开放、立场灵活、评价公正、诚实面对个人偏见、判断谨慎、愿意重新思考、清晰理解论题、对复杂问题思考有条理、不倦地搜寻有关信息、选择标准合理、考察专注并且不懈地追求题材和条件容许的最精确的结果。"美国心理学家 J.P.吉尔福特（J. P. Guilford）对创造性个体的个性特征进行了深入研究，结果表明创造性人才的共同个性特征包括：

（1）有高度的自觉性和独立性，不肯雷同。

（2）有旺盛的求知欲。

（3）有强烈的好奇心，对事物的机理有深究的动机。

（4）知识面广，善于观察。

（5）工作中讲求条理性、准确性与严格性。

（6）有丰富的想象力、敏锐的直觉，喜好抽象思维，对智力活动与游

戏有广泛兴趣。

（7）富有幽默感，表现出卓越的文艺天赋。

（8）意志品质出众，能排除外界干扰，长时间地专注于某个感兴趣的问题。

依据上述内容，对批判性思维态度和创新个性加以比较，不难看出，批判性思维的特质与创新思维的特质在很大程度上是相同或相似的。这就意味着，通过批判性思维训练，在锻炼批判性思维习性与技能的同时，在很大程度上也是在培养创新个性。

批判性思维的实施过程需要创新思维提供动力目标。批判性思维是获得新知识、发现真理的必经之路。创新思维的常见表现形式包括发散思维和聚合思维，即发散性思维和收敛性思维。一个好的论证是经过正反多方面思考、探索、比较、分析、综合之后的结果，是发散思维与聚合思维的结果。因此，批判性思维的实施过程需要发散性思维与收敛性思维共同发挥作用，也就是说，需要创新思维提供动力支持。

创新思维实施的过程中同样也需要批判性思维，我们可以说，批判性思维是创新思维的前提基础。创新思维始于问题的提出，终于问题的解决。英国心理学家 G.澳勒斯（G. Wallas）将创新思维过程分为四个阶段：准备阶段、酝酿阶段、明朗阶段和验证阶段。其中，准备阶段是发现问题，提出创造性问题，并搜集与问题相关的信息材料，对这些信息材料进行整理和加工；酝酿阶段是在第一阶段搜集材料、加工整理的基础上，对问题进行试探性解决，提出各种试探方案；明朗阶段是在上一阶段酝酿成熟的基础上，思维主体头脑中出现灵感，产生顿悟，进而产生新思想、新认识；验证阶段的主要任务是对第三阶段得到的初具轮廓的新思想、新认识进行检验和证明。从以上四个阶段的主要工作来看，每一个阶段都少不了批判性思维的辅助与支撑。审查所搜集材料的可靠性、真实性；对各种可能的方案进行评价、比较、分析；出现灵感，产生顿悟，进而产生新认识、新思想；检验新成果的论证是否合乎逻辑等一系列创新工作都依赖于批判性思维原理与方法的运用。

在生活中我们经常见到一些产品，设计师设计的最初目的和使用者最终的使用方法可能大相径庭，可参见城市跟踪者何志森在《一席》中的演讲。从何志森的演讲中我们就可以看出，设计者如果只站在自己的角度上“替”用户去想问题，那么设计出来的产品或许并不是大众需要的。因此，想要做出好的设计或更好地解决生活中的各种问题，避免“自我中心主义”就非常重要。自我中心主义是心理学家让•皮亚杰（Jean Piaget）提出的一个概念，它是指婴幼儿的判断和行为有受自己的需要与感情强烈影响的倾向。而作为成年人，我们也无法摆脱自我中心主义的束缚，在决策与行动时往往缺乏理性、忽略事实。那么如何才能在实践设计思维的过程中规避“自我中心主义”呢？答案就是先学会批判性思维，利用批判性思维去进行理性与反思性的思考。

本书中所提到的设计思维五步法是一种思维方式，有其特定的步骤，并且可以用于不同的项目和人群。设计思维为创新提供了一套完整的流程。我们在运用设计思维时，会发现有大量批判性思维所提倡的能力与态度被应用在整个创新的过程中。例如在了解用户需求的时候，必须要客观、公正地去观察、调研以了解用户的真实想法；在进行案头调研的过程中，我们需要运用批判性思维理性地分析，筛选出真正关键和有用的信息；在进行主要问题的界定时，我们必须不断地对自己的目的进行反思，避免发生目标的过程性迷失。我们会发现，批判性思维与设计思维并非两种单一的相互独立的思考方式，它们在创新的过程中相互融合、密不可分。如果我们想要设计出具备创新性的产品、更好地解决各种问题，那么应该同时进行批判性思维、设计思维与创新的学习，在实践中不断反思，在反思中更好地实践，只有将批判性思维与设计思维进行内化，我们才能够向真正的创新更进一步。

因此，批判性思维与创新思维并不是完全割裂的两种思维，批判性思维态度与创新个性、批判性思维与创新思维之间存在十分密切的关系，批判性思维与创新思维相互辅助、相互促进。值得注意的是，虽然二者相辅相成，但是批判性思维与创新思维仍各有其侧重点：前者更强调观点或论证的清晰性、一致性、合理性，后者更强调观点或论证的新颖性、灵活性与流畅性。

综上所述，“创新”包括创新个性、创新思维和创新能力等多重构成要素。想要成为创新型人才，这些素质缺一不可。因此，培养批判性思维有助于培育和激发创新思维。批判性思维对培养创新性人才的重要作用是不容忽视的。

本章小结

1. 创新是为了自身需求，运用已存在的事物或经验，打破常规，产生新成果的能力或行为。

2. 创新的三大特质为独特性、可行性、价值性。

3. 创新的四大种类分别为变革创新、市场创新、运营创新与品类创新。

4. 实现创新的三大要素包括创新环境的创造、创新人员的构成以及创新工具的使用。

5. 批判性思维、设计思维与创新的关系为在创新的过程中，批判性思维与设计思维相互融合、相互交织。

第二章　打开创新的大门

本章导读

本章主要内容是对批判性思维进行介绍，其中包含了批判性思维的定义、来源、它的两项特征以及批判性思维工具的介绍。本章主要目的是帮助读者认识批判性思维的重要性及其对创新的影响。在本章的最后，我们提供了批判性思维自评表供大家参考，以便对自身的批判性思维能力进行大致的评估与了解。

第一节　批判性思维

批判性思维（critical thinking）或称批判性思考，是指通过事实形成判断的思考方式。因批判性思考本身具备复杂性，所以具有许多不同的定义，一般包括理性的、保持怀疑的、无偏见的分析和对于事实证据的评估。在西方的教育体系中，批判性思维的培养被普遍确立为高等教育的基本培养目标，被认为是每个接受过高等教育的人都应当具备的思维模式。本节我们将从批判性思维的起源、定义与特质、学习批判性思维的必要性三个方面对批判性思维进行介绍。

一、批判性思维溯源

批判性思维的思想根源于其词源 critical，这个一词有两个希腊词源：

kriticos（意为恰当的判断）和 kriterion（意为标准）。从语源学上来讲，批判性这一概念应该理解为建立在某些标准之上的合理判断。批判性思维的起源可追溯到 2500 年前的苏格拉底的教学实践和愿景。苏格拉底通过探究方法发现人们无法合理地证明自己对知识的主张是合理的。含糊不清的含义，证据不足或自相矛盾的信念常常潜伏在华丽但基本上是空洞的言辞之下。苏格拉底确立了这样一个事实，即人们不能依靠“权威”中的人来拥有健全的知识和见识。他证明了即使人们可能拥有权力和崇高地位，却可能仍旧深感困惑和不理性。他确立了在我们接受值得信奉的观念之前，提出深层问题的重要性。

苏格拉底确立了寻找证据、仔细研究推理和假设、分析基本概念的重要性。他的提问方法现在被称为“苏格拉底式提问”，是最著名的批判性思维教学策略。苏格拉底在提问方式中强调了思考清晰和逻辑一致的必要性。

在苏格拉底对批判性思维进行实践之后是柏拉图（Plato）、亚里士多德（Aristotle）和希腊怀疑论者对于批判性思维的运用，所有这些人都强调事物通常与表象大不相同，只有训练有素的头脑才能够进行准确的认知。批判性思维就是对头脑进行强化训练的有效工具。

15 世纪和 16 世纪的文艺复兴时期，欧洲大量的学者开始对宗教、艺术、社会、人性、法律和自由进行批判性思考。他们假设人类生活的大多数领域都需要进行分析和批评。弗朗西斯 • 培根（Francis Bacon）看重信息的收集过程，为现代科学奠定了基础。其著作被认为是提倡批判性思维的最早著作之一。近代的笛卡尔在法国撰写了《思想指引》一书，笛卡尔（Descartes）在书中主张有必要对思想进行特殊的系统训练，他明确指出了思维清晰性和准确性的必要性，并认为思维的每个部分都应受到质疑、怀疑和检验。在同一时期，托马斯 • 摩尔（Thomas Moore）爵士提出了一种新的社会秩序——乌托邦模型，该模型对当今世界的每个领域都进行了批评。他的隐含论点是已建立的社会制度需要进行激进的分析和批判。这些产生于文艺复兴时期与后文艺复兴时期的批判性思维理念为科学的兴起及民主、人权和思想自由的发展开辟了道路。

在 16 世纪和 17 世纪的英国，托马斯・霍布斯（Thomas Hobbes）和约翰・洛克（John Locke）以批判的心态开拓了新的学习视野。霍布斯采用了一种自然主义的世界观，其中的一切都需要通过证据和推理来解释。洛克则运用了批判性思维对日常生活进行分析。正是基于这种思想自由和批判性思维的精神，诸如 17 世纪的罗伯特・博伊尔（Robert Boyle）和艾萨克・牛顿（Isaac Newton）爵士之类的人开始了自己的工作。博伊尔在他的《怀疑化学家》中严厉批评了他之前的化学理论。牛顿反过来发展了影响深远的思想框架，全面批评了传统认知下的世界观。在博伊尔和牛顿之后，那些对自然世界进行了认真思考的人认识到，必须放弃以自我为中心的世界观，应当完全依赖经过仔细收集的证据和合理推理而得出的观点。

18 世纪的思想家进一步扩展了批判思想的概念，将我们对于批判性思维的理解进行了深化与广泛的应用。《国富论》《独立宣言》等著作都是在此背景下出现的。19 世纪，批判思想进一步扩展到了人类社会生活领域，出现了对马克思的探索性批判，推动了达尔文《人的后裔》的撰写，促成了人类学研究领域的建立。

20 世纪，批判性思维所包含的含义与性质被越来越明确地表述出来。1906 年，威廉・格雷厄姆・萨姆纳（William Graham Sumner）认识到人类生活和教育对批判性思维的深刻需求。对此，美国哲学家约翰・杜威（John Dewey）表示同意。在可追溯的历史视野内，杜威是第一位将批判性思维的概念进行明确界定的学者，在其著述《我们如何思考》中将批判性思维称为“反省式思维”（reflective thought），定义如下：“能动、持续和细致地思考任何信念或被假定的知识形式，洞悉支持它的理由以及它所进一步指向的结论。”20 世纪 70 年代末，批判性思维以课程的形式首先在北美，继而在世界范围内陆续进入大学课堂，目前已成为次于符号逻辑与逻辑导论并驾齐驱的逻辑课程之一。

二、批判性思维的概念和特质

（一）批判性思维的概念

到底何为批判性思维，不同时期的学者和机构对此问题发表了不同的看法。

1941 年，美国学者爱德华·梅纳德·贾瑟（Edward Maynard Glaser）提出“批判性思考”必须具备三项特质：倾向以审慎的态度思虑议题和解决难题；对理性探索与逻辑推理的方法有所认识；有技巧地应用上述方法。

1990 年，一群美国学者发表了联合声明，对“批判性思考”做了以下界定：“我们认为批判性思考是一种有目的且自律的判断，对判断的基础如证据、概念、方法、标准等加以诠释、分析、评估、推理与解释……有批判性思考能力的人凡事习惯追根究底、认知务求全面周到、判断必出于理据、心胸保持开放、态度包容、评价必求公正、能坦然面对偏见、判断必求谨慎且必要时愿意重新思量、选取标准务求合理、专注于探索问题且在允许的情况下坚持寻求最精确的结果。”

1993 年，为明确批判性思维的核心技能和思维习惯，美国教育部教研和教学办公室资助宾夕法尼亚州立大学高等教育学习机构实施了一项由 200 人参与的研究。研究参与者主要为决策制定者、企业雇主以及来自两年及四年学制的大专院校教师。该项研究成果表明，批判性思维的核心是认知技能，包括阐释（interpretation）、分析（analysis）、推理（inference）、评估（evaluation）、解释（explanation）和自我调整（self-regulation）。具体参见表 2-1。

表 2-1　美国哲学联合会报告：批判性思维的专家联合声明（批判性思维的核心技能）

技能	专家们的共识	子技能
阐释	领会和表述各种经验、境况、数据、事件、判断、公约、信念、规则、程序或标准的意义与重要性	分类 破解意义 澄清含义
分析	从陈述、问题、概念、描述以及其他旨在表明信念、判断、经验、理由、信息或观点的表达形式之间识别出所意向的或实际的推理关系	检验观点 识别论证 识别理由和主张
推理	找出并夯实得出合理结论所需的因素，形成猜测和假设；考虑相关的信息，从数据、陈述、原理、证据、判断、信念、观点、概念、描述、疑问或其他表达形式中推导出结论	寻求证据 考虑多种可能性 得出逻辑有效的或可以辩护的结论
评估	评估可信度和逻辑性，包括评估各种用于说明或描述的个人见解、经验、处境、判断、主张的陈述或其他表达形式的可信度以及其他类似表达形式之间的实际或所意向的推理关系是否合乎逻辑	考量论断的可信度 考量论证中所用的归纳或演绎推理的质量
解释	既要在多个层面陈述和论证自己的推理结果，顾及到证据性、概念性、方法论、标准以及背景因素，还要能以合理的论辩形式展示推理过程	陈述结果 为过程的合理性进行辩护、陈述、论证
自我调整	有意识地回顾自己的认知活动、这些活动中使用的元素以及得出的结果，特别是指将分析和评估技能用于自己的推理判断，来质疑、确认、验证或修正推理过程和结果	自我监控、自我修正

批判性思维研究的代表人物之一、美国批判性思维运动的开拓者罗伯特·恩尼斯（Robert　Ennis）于 1962 年将批判性思维定义为一种“理性的、反思性的思考，着重于决定我们相信什么或做什么”。该描述以简洁、清晰的方式将批判性思维进行了定义，着重强调了批判性思维“理性”与“反思性”的两大基本特质，是目前被认为最准确并得到了广泛运用的定义。本书将以罗伯特·恩尼斯提出的批判性思维定义为基础对其进行具体的说明与描述。

（二）批判性思维的特质

从上述定义中，我们可以对批判性思维的特质进行提取。具体来说，批判性思维具备以下几种特质。

1. 批判性思维是一种思维方式

批判性思维在本质上来说是一种思维方式，因此，我们可以通过学习与训练对该思维方式进行培养与提高。不同的学者对于如何培养批判性思维有着不同的见地，但从总体上来看，大多数人都赞同应当分别从技能与态度两个方面对批判性思维进行培养。谷振诣与刘壮虎先生在其著述《批判性思维教程》中提出："以掌握和运用批判性思维技术和方法为目的而进行的思维训练是批判性思维的核心。"这些技术与方法可以帮助我们识别虚假的理由、进行充足的推理并且构建理性的论证，从而实现独立思考。在强调技术与方法的同时，我们应当意识到在培养批判性思维的过程中，态度也同样起着至关重要的作用。批判性思维能力是建立在正确的态度之上的。这里的态度包括理智的正直与诚实，怀疑精神与包容精神并存。只有将态度的培养与技巧的学习相结合，我们才能够获得运用批判性思维思考的能力。

2. 批判性思维具有合理性

"合理性"（reasonable）的英文词根是 reason，源自拉丁文 ratio，意思是计算、分析、估测。因而理智（reason）被认为是运用经过训练的智力解决问题的能力。董毓先生在《批判性思维原理和方法——走向新的认知和实践》中提到批判性思维是理性的思维，即不管是信念还是行动，都要建立在合理的基础上。这是判断信念和行动的首要原则。

3. 批判性思维具有反思性

批判性思维是对于思考的思考，特别是对于自身思维的再思考。因此，批判性思维不仅仅是被用来发现别人缺点与不足的工具，更是通过反思自身达到提升自我思维质量之目的的工具。相比于寻找他人思维中的缺陷，对自身思维的反思与矫正更艰难，正因如此，董毓先生在其著述中将批判性思维视作一种自我超越与自我成长，它促使认识主体自我提升，俯瞰并评价自己的特定思考过程与观点。

三、批判性思维的意义

1993 年美国普林斯顿大学“本科教育战略计划委员会”对本科毕业生提出了 12 项衡量标准，其中包括：

（1）具有清楚的思维、谈吐、写作的能力。

（2）具有批判性和系统性推理的能力。

（3）具有形成概念与解决问题的能力。

（4）具有独立思考的能力。

（5）具有敢于创新和独立工作的能力。

（6）具有与他人合作与沟通的能力。

（7）具有正确判断并彻底理解某种东西的能力。

（8）具有辨别重要的东西与琐碎的东西、持久的东西与短暂的东西的能力。

（9）熟悉不同的思维方式。

（10）具有某一领域知识的深度。

（11）具有观察不同学科、理念、文化相关之处的能力。

（12）具有一生求学不止的能力。

从以上 12 项衡量标准中我们可以看出，标准中提到的能力都直接或间接地与批判性思考能力相关联。从根本上来说，要想具备以上 12 项能力我们必须首先具备批判性思维能力，因此，具备批判性思维能力是培养以上各项能力的基础。

（一）批判性思维能够帮助我们冲破盲从

在现今我们生活的时代当中，信息就像我们所呼吸的空气一样无处不在。每个人都能够通过多种多样的途径轻而易举地获取信息，可以说我们正处于一个信息泛滥的时代。有人认为，信息的多样化以及信息获取途径的简易化能够让我们更加理智与明辨，但事实却是我们中的大多数人都迷失在信息的汪洋大海中，对于哪些信息是优质信息、哪些信息是劣质信息、哪些是真实的信息而哪些又是虚假的信息无法做出分辨。如此，我们往往会被一些别有用心之人制造出来的信息误导，导致我们走向盲从。批判性思维的一个重要作用就是引导人们冲破盲从，避免被迷惑。批判性思维要求人们不要根据直观的感觉或自身的好恶来决定是否接收一个信息或一个论断，它要求我们在面对信息与论断时仔细地考量理由、推理以及论证的充分性与全面性，从而对其做出一个审慎的判断。批判性思维以其技巧与推崇的精神帮助我们在面对信息时去伪存真、去粗取精、冲破盲从、实现理性。

（二）批判性思维帮助我们进行独立的思考

我们中的部分人对“独立思考”一词有着错误的认知，部分人认为“独立思考”指自己的观点不受任何人或任何事物的影响；部分人认为“独立思考”意味着自己的观点应当与传统观点或教科书相左；甚至有部分人认为“独立思考”是指自己的观点便是真理。董毓先生指出根据批判性思维的原则，独立思考的本质不在于结论，而在于论证过程；不在于观点对错，而在于努力方式；不在于是否受人影响，而在于怎么受人影响。其著述中明确指出，真正的独立思考是开放心灵，公正地考察所有已知的事实和不同的观点；是观念的分析和综合过程的具体性、全面性、开放性和公正性。而这些正是批判性思维的关键要求。简言之，诚实、认真地考虑各种不同的观点，并在此基础上形成结论是独立思考；认真观察对立面并以此为镜对自身进行认真的反思同样是独立思考。我们可以看出，批判性思维才是真正独立思考的定义，遵循批判性思维技巧与态度就能够获得独立思考的能力。

（三）批判性思维帮助我们成为终身学习者与创新者

在当代社会背景下，对于人才的要求向着更加灵活、更加多元、更具备适应性的方向发展。对此要求，传统的学习方法已无法满足现今的人才培养需求，如何保证学习者思维的灵活性与独立性，如何维持学习者的好奇心与探索欲是我们亟须解决的问题。批判性思维以激发我们主动探索知识为目的，训练我们成为信息的主动探索者与分析者，引导我们追寻知识产生的经验基础、方法和逻辑过程，鼓励我们不断质疑与挑战，要求我们成为思想者而非单纯的背诵者与执行者。在此过程中，我们需要不断地通过反思对自身的行为以及思想进行校正，接收新知识并将其运用在校正过程中，从而实现完善与创新。

第二节　批判性思维之理性

要坚守理性，按照理性去审查每一个事实和观点。勇敢质疑，包括是否真有上帝。因为，如果上帝确实存在，他一定是认可对理性的尊崇，而非盲目的敬畏。

——托马斯·杰斐逊（Thomas Jefferson）

根据上节所述，罗伯特·恩尼斯（Robert Ennis）将批判性思维定义为“理性的、反思性的思考，其目的在于决定我们相信什么或做什么”。依据此概念我们会发现“理性”、“反思”是批判性思维的两个主要特质。本节我们将对理性这一特质进行具体论述。

一、理性

在《批判性思维原理和方法——走向新的认知和实践》一书中，董毓提出：“理性的意思首先在于信念和行动要有理由，而且是有好的理由。”

我们可以将理性理解为是根据好的理由产生或辩护一个陈述、观点、提议等的能力和活动，它是与直觉、本能、感受、情感、习惯、信仰不同的一个精神过程。

那么什么样的理由才能被称作“好的理由”呢？我们能够依据哪些标准去判定一个理由的“好”与“不好”呢？

首先，要注意的是不同于来自直觉、情感、信仰等理由，符合理性标准的“好”理由一定不是主观与片面的。理性依据的理由必须是客观的、可靠的、有一定标准的。我们认为客观性、全面性以及充分性是判断理性的三大标准。

其次，好的理由应当从多个维度和方面进行阐释，而非单一角度的自说自话。

最后，好的理由应当充分、有力，能够直接说清事物的本质，说清事物之所以为此的成因。

（一）客观性

客观是哲学的一个中心概念，它指一个事物不受主观思想或意识影响而独立存在的性质，跟主观相对应。客观的事实不受人的思想、感觉等主观影响，能保持其独立真实性。简单来说，我们可以将客观理解为事物的本来面目，不受人的感官、情绪、价值观等因素影响。

1. 感官影响

亚里士多德认为感觉有五种，即视觉、听觉、嗅觉、味觉和触觉。他将这五种感觉分为三类，其中视觉和听觉可以被归为第一类，这类感觉的共同点在于从感觉对象到感觉器官之间需要传导媒介；第二类是触觉和味觉，这类感觉是由感觉对象直接作用于感官引起的，不需要传导媒介；第三类是嗅觉，它介于第一类和第二类感觉之间。我们可以说感观造就了人的感觉。与此同时，亚里士多德认为理性是不依存于肉体和思维对象的，其特点是纯粹的、永恒的，同时又是非混合性的，因为并没有一个专门的物质性器官对其进行承载。因此，我们应该警惕感官在接收信息时可能会对理性造成的影响。

“眼见为实，耳听为虚”说的是不能随便相信传闻，因为那不是一种理性的体现。然而“眼见”一定就“为实”么？很可惜，答案是否定的。我们接收到的信息可以被分为两类。一类称为感性信息。我们通过五官获得的信息，都可以看作感性信息。另一类称为理性信息。感性信息的获得是理性信息获得的基础和必要阶段，但感性信息中有大量杂乱无章、片面甚至虚假的东西，所以仅靠感官我们是不可能正确认识事物的。更重要的是感官带给我们的感性信息往往带有一定的欺骗性。如将筷子放在水中，我们可以看到水中筷子弯了，但它并不是真的弯了，在实验当中，我们的视觉欺骗了我们。

下面两个案例能够帮助我们更深刻地体会到感官对我们的欺骗性：观察图 2-1 中的两个怪物，请试着回答，哪个怪物看上去更大？从视觉上来看，后面的怪物要比前面的大，但你试着用手指量一下，就会发现两个怪物一样大。

图 2-1　视觉图片

再次对图 2-2 进行观察，请试着回答图中两条水平线的长度一样吗？看起来下边的线条更长些，但你仔细量一量，两根水平线的长度其实是一样的。

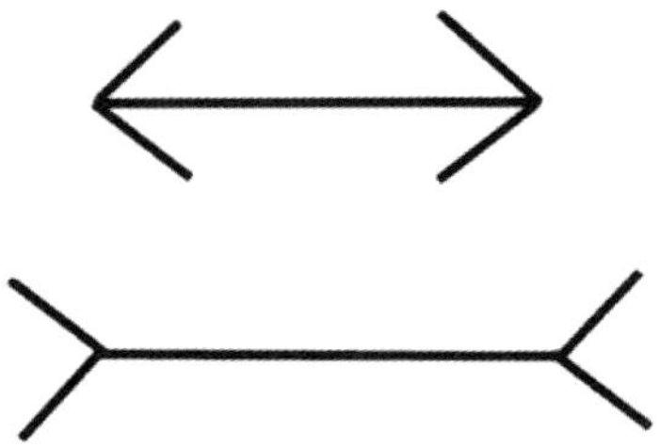

图 2-2　视觉图片

要做到理性认识，我们便不能轻易相信感官带给我们的感性信息，对于感性信息需要做更加深入的判断与甄别，更加追求逻辑上的真实。

2. 情绪影响

情绪是人类早期赖以生存的手段。婴儿出生时，不具备独立的生存能力和言语交际能力，这时主要依赖情绪来传递信息与成人进行交流，以求得到成人的抚养。在成人的生活中，情绪与人的基本适应行为有关，包括攻击行为、躲避行为、寻求舒适、帮助别人等。这些行为有助于人的生存及成功地适应周围环境。总之，人通过情绪了解自身或他人的处境，适应社会的需求，得到更好的生存和发展。当然，情绪也会有负面作用，如一些球迷会因为输球被负性情绪影响，在赛场闹事、斗殴，破坏公共财产，甚至造成人身伤亡。

关于情绪，保罗•克莱因金尼(Paul Kleingini)和安妮•克莱因金尼(Annie Kleingini)提出了一个定义：情绪是主观因素、环境因素、神经过程和内分泌过程相互作用的结果。从这里我们可以看出，情绪是带有强烈的主观性的。例如一个人因为气愤而摔了自己的手机，但事情过后却心疼不已。情绪不仅会影响我们的心情、社交等，在很大程度上也会影响我们的判断、选择和行为。西格蒙德 • 弗洛伊德（Sigmund Freud）对此做过一个形象的比喻：“你的本能、情绪冲动就像一匹飞奔的马，你的理智就像马上的骑手，你以为是骑手在控制马？其实是马在跑，没有马，骑手什么也不是。”因此，人的理智极易被情绪所主导，要做到理性客观就需要正确认识情绪带给我们的影响，避免因情绪原因造成的主观判断。

3. 价值观影响

价值观是指一个人对周围的客观事物（包括人、事、物）的意义、重要性的总评价和总看法。一方面表现为价值取向、价值追求，凝结为一定的价值目标；另一方面表现为价值尺度和准则，成为人们判断事物有无价值及价值大小的标准。个人的价值观一旦确立，就具有相对稳定性。价值观和价值观体系是决定人的行为的心理基础，因此，价值观指引着我们的行为方向，我们在做决策时会经常受到来自价值观的直接指引，比如一味追求感官上肤浅的快乐。回想下生活中，你有没有因为一味追求暂时的、肤浅的快乐而放弃更重要的事情？比如说你是个喜欢打游戏的人，在看书学习与通宵打游戏之间，你认为打游戏对你来说更重要，还是学习提升自己更重要？像在生活中，有很多这样的情况，明明这个事情才是最重要的，但是有些人会为了一些感官上肤浅的快乐而选择不重要，甚至对人有坏影响的事情。再比如很多人在生活中，会非常在意钱财、房车、金银珠宝等，他们把这些作为成功的标配，在遇到任何事情时，都会把这些物质的东西放在第一位，极度注重物质上的成果。

由于价值观往往基于个人主观经验而形成，因此在很多时候价值观会给我们带来非理性的影响。卡尔·波普尔（Karl Popper）曾经提出，一个“批判理性主义者”唯一要重视的是论证，而不是给出论证的人。人与人之间理性的交流是对论证的交流；人是论证的来源和接受者，在对论证进行理性的评判时每个人的情感好恶或价值观是无关紧要的。然而要做到完全摒弃价值观对人的影响是很难的，但我们需要有意识地去认识与识别价值观对于我们的影响，从而做出更加理性的选择。

（二）全面性

“好的理由”的第二个标准是具备全面性。一个好的理由应当从多个维度和方面进行阐释而非站在单一角度上自说自话。如图 2-3 所示，全面性意味着当我们认识一个人、一件事、一件物品时需要从多方面去掌握信息，否则就会像盲人摸象一样，每个人摸到大象的不同部位都说自己摸到的才是大象的样子。

维度	细节
人	性格、习惯、做事风格、籍贯、外貌等
事	好与坏、目的、时空、后果、社会及家庭等
物	价格、质地、体积、重量、大小、温度等

图 2-3　分析表格（图片来源于“思考与创新”课程资料包）

（三）充分性

“好的理由”的第三个标准是充分性。理由应当充分、有力，能够直接说清事物的本质，说清事物之所以为此的成因，即满足充足理由原则。我们认为：“任何一件事如果是真实的或实在的，任何一个陈述如果是真的，就必须有一个为什么这样而不那样的充足理由，虽然这些理由常常不能是为我们所知道的。”

这句话阐述了关于充分性两方面的意思。

第一，一切事物都有一个成因，这个成因决定了这个事物为什么会存在，为什么它是真实的，为什么它是这个样子而不是另外的样子。人们认识了这个成因，也就认识了这个事物，就可以改变这个事物。正如戈特弗里德·威廉·莱布尼兹（Gottfried Wilhelm Leibniz）所说的：“如果不具有充足的理由或者没有确定的理由就什么也不能达到。”

第二，事物的感性存在或直观存在并不重要，只有事物背后的成因才是最为重要、最真实的。因此，我们要去发掘背后的成因与理由。唯有此才能做到充分地进行论证、保证理性的判断。

第二次世界大战期间，为了加强对战机的防护，英美军方调查了战后幸存飞机上弹痕的分布，决定哪里弹痕多就加强哪里。然而统计学家亚伯拉罕・沃德（Abraham Wold）力排众议，他指出更应该注意弹痕少的部位，因为这些部位受到重创的战机，很难有机会返航，而这部分数据被忽略了。事实证明沃德是正确的。

该案例中的统计学家沃德是哥伦比亚大学统计学教授，他基于统计推断，提出了“幸存者偏差”的概念。那就是我们只看到了那些能够飞回来的飞机，但却看不到那些被击落未能折返的飞机。所以只是根据“幸存者”的数据做出的判断是不正确的。

案例分析：假设有人问你：“你怎么知道地球是圆的？”你将如何构建一个具备充分性的论证对其进行回答？请同学们相互讨论并写下你的理由。

二、如何实现理性？

当面对具有争议的话题时，我们应当如何做才能保证理性抉择、全面思考呢？比如当我们谈到安乐死时有些人认为人的生命是宝贵的，安乐死亵渎了生命；然而，对于那些几近走到生命的尽头，并不想苟延残喘、白白受苦的病人来说，安乐死是否也是对病人意愿的尊重？我们假设病人临终前已无法表达个人意愿，而我们掌握着决定权时，是选择奋力施救还是选择放弃药物与抢救，让病人平静地离世呢？究竟该如何全面地看待这类问题？如何形成理性的观点？我们可以利用 PMI 思考法来更好地进行思考。

1. PMI 思考法概述

在日常生活中，人们对某观点或事物的本能反应，往往凭直觉轻易下结论，立即表示喜欢或不喜欢、赞同或不赞同。这种传统的思维盲区会导致看问题的片面性。为了克服这种片面性，爱德华·德·波诺（Edward de Bono）提出了一项极有效的思考工具，即 PMI 思考法，也可称为“三思法”。该思考法帮助我们分别从有利因素、不利因素、兴趣点三个维度来对某观点或事物进行全面的思考。PMI 思考法能确保人们在对某一种观点或事物的各方面都进行充分考虑后再做决定，以求达到客观地评价一种观点或事物的目的。

2. PMI 思考法实施步骤

如图 2-4 所示，在使用 PMI 思考法帮助我们达到全面性时可以遵循以下步骤：

一思，即 P，从正方向思考，即从积极方面，有益的、好处的或优点的方面去思考。

二思，即 M，从反方向思考，从消极方面，不利的、坏处的或缺点的方面去思考。

三思，即 I，从兴趣、感触方面去思考。特别注意的是 I 部分的功能为引出一些既非正向，亦非负向的看法，以不受观点束缚，探索有趣的地方。从 I 角度思考时，可以套用类似的说法：“如果……将会很有趣”“可以看看……将会很有趣”或者“我不喜欢这么做，不过它有趣的是……”。通过这种方式可以激发思考者的兴趣，使之拓展思路、探求不同想法。

PMI 思考法强调人们在评判某一种观点或事物时，应该先分析其优点，然后再分析它的缺点，最后再找出既不是优点也不是缺点但却吸引人的特点，经过权衡利弊后，才能够有充分的理由说我赞同或不赞同这种观点。

PMI 思考法	P（Plus）：优点——有利因素——你为什么喜欢它？
	M（Minus）：缺点——不利因素——你为什么不喜欢它？
	I（Interest）：兴趣点——你对一个想法感兴趣的地方

图 2-4 PMI 思考法实施步骤（图片来源于“思考与创新”课程资料包）

案例分析：去年刚刚进入大学的小荻这几天很纠结。原因是宿舍的小伙伴们都去兼职了，而她为了不耽误学习便没有加入兼职的行列。她心里很清楚，兼职可以开阔视野、锻炼能力，可她就是不想去。看到舍友们集体进进出出忙忙碌碌，她又觉得自己很孤独，她的选择有错吗？在给老师的求助信里小荻这么写道：“上个学期我是班里第一名。说实话我很高兴自己能获得这样的成绩，而且我的父母也为此特别骄傲。其实我也知道排名这个事情不需要太认真，但是我真的挺在意这份荣誉，我觉得它给了我很大的自信心。为了保住这个第一名，我决定不去兼职，虽然我也知道自己会失去什么。但是看到小伙伴们在一起过得风风火火，又有共同语言，我心里确实有些不好受。”老师在回信中建议小荻用 PMI 思考法思考一下课余时间兼职对你的有利因素是什么，不利因素又是什么，并写下自己感兴趣的地方，写得越多越好。经过一天的思考，小荻的答案见表 2-2。

表 2-2　小荻的答案（PMI 思考法）

思考方向	思考内容
P（Plus）：有利因素	1. 锻炼自己的能力（与人沟通、吃苦耐劳、统筹规划等）； 2. 赚取零花钱； 3. 认识社会上的人，扩展人脉； 4. 充实自己的大学生活； 5. 与小伙伴们有共同语言，能一起工作生活，不孤独
M（Minus）：不利因素	1. 耽误学习时间（拿不了第一）； 2. 害怕被骗； 3. 学不到东西
I（Interest）：感兴趣的事	1. 小伙伴们的兼职真的能锻炼自己想要的能力吗？ 2. 小伙伴们有没有在担心自己的学业过不了？ 3. 这份兼职能赚到多少生活费？比第一名奖学金还多吗？ 4. 兼职和学业真的矛盾么？提高学习效率之后能不能两者兼得？ 5. 有哪些提高学习效率的办法呢？

小荻在给老师的回复中说，PMI 思考法帮助她开拓了思路，让她注意到了之前从未想到过的东西。原来的她完全陷在“被孤立”的情绪中了，从来没有想到如何理性地看待兼职这个问题。PMI 思考法最大的一个优点

就是能够帮助思考者跳出自己思维的框框，放弃自我中心主义的牵绊，客观公正地看待问题。

案例分析：在泰国，上班时高峰期开来的公共汽车是无座的，目的是多拉一些乘客，因为此时人们最急迫的需求是按时上班而不是考虑乘车的舒适程度，路程近的人更是如此。其他时间的公共汽车是有座位的，以方便老人、妇女和小孩，那些无座的公共汽车此时则被当成卡车来使用。下面我们用 PMI 思考法来分析“把公共汽车上的座位都拆掉”这个观点的优劣性，具体见表 2-3。

表 2-3 “泰国公交车”案例分析表（PMI 思考法）

思考方向	思考内容
P（Plus）：有利因素	1. 每辆车上载很多的人； 2. 上下车更容易； 3. 制造和维修公共汽车的价格会便宜
M（Minus）：不利因素	1. 如果公共汽车突然刹车，乘客会摔倒； 2. 老人和残疾人乘车时会遇到很多麻烦； 3. 上车携带挎包者或小孩会有诸多不便
I（Interest）：感兴趣的事	1. 是否以后可以去产生两种类型的公共汽车，一种有座位，另一种没有座位？ 2. 同一辆公共汽车是不是会产生更很多用途？ 3. 公共汽车的舒适度到底重不重要？

3. PMI 思考法的意义

爱德华·德·波诺（Edward de Bono）说：“PMI 思考法在任何情况下都可运用，尤其对于模棱两可的问题更具备适用性。”它的主要目的是帮助我们养成从不同方向思索、探讨问题的习惯。在做 PMI 思考训练时，重点不在于审查各个想法所蕴含的价值意义，不在于价值评判，而是按照 PMI 思考法的步骤，尽可能地把各种想法引发出来、列举出来。总的来说，PMI 思考法可以避免我们仅仅凭借情绪和直觉做出判断，帮助我们全面地评价一个想法，引出有价值的思考。

三、理性的意义

信息化是当今时代发展的大趋势，在代表着先进生产力的同时也带来了数据和信息泛滥的困扰。我们每天都会从各种媒介接收大量真伪莫辨、质量良莠不齐的信息。比如近些年“适量饮酒能预防心血管疾病”的观念如火如荼，商家更借机冠冕堂皇地推出各种药酒，加大宣传酒精的治病功效。但知名医学期刊《柳叶刀》（*The Lancet*）的研究却表明：饮酒的安全剂量为零。喝点对健康都有害，没有所谓的适量饮酒有益健康一说，不喝酒，才对健康最好。信息时代的到来需要我们时刻对所接收到的信息进行分析、判断、选择与决定，不断地挑战着我们理性思考的能力，在此背景下我们对于理性的需求也变得更为迫切。

理性决定了批判性思维的范围：理性不适用的地方，批判性思维也不能起作用，或者说不能起主要作用。比如直觉、宗教信仰和爱情，我们无法用经验、逻辑和分析的方法对其进行完整的描述和解释。我们需要注意的是很多时候由非理性因素做出的信念和决定也可以是正确的，而且人不可能每时每刻都保持理性的判断，都去分析、推理和证明。但是在面对重要的知识和行动的时候，就需要开启理性的思维模式，帮助我们走出困惑和矛盾。

第三节　批判性思维之反思

“我应该不会拒绝从头到尾地把生活再过一遍，只是希望能够获得唯有作家才有的特权——在‘再版’的生活中修正‘初版’的错误。生活的悲哀之处在于我们总是老得太快而又聪明得太慢。等到你不再修正的时候，你也就不在了。”古罗马哲学家马尔库斯·图利乌斯·西塞罗（Marcus Tullius Cicero）在《论老年》中这样说道。

很多人会在老年才回想自己的一生经历，然后大彻大悟，然而这些大彻大悟再也无法拥有应用到生活中的机会，让人徒留遗憾唏嘘。作为批判性思维特征之一，反思为我们提供了修正生活的机会，那么我们应当如何在生活中理解反思、运用反思，本章节就将针对反思的含义与方法进行阐述。

一、自然的思维与反思性思维

当谈到批判性思维特征时，除了理性特征之外，还包含反思性思维特征。在进行思维活动时，人的思维至少可以分为两个层面：

思维第一层是自然的思维，即一个人听到或见到某种现象的第一时间所产生的相关想法。这种想法有其合理的地方，但往往掺杂着自我的偏见、情绪、观念甚至误解。自然的思考是洞察力与偏见、事实与错觉、真理与谬误等混合在一起的思考活动。

在接触到一个信息的第一时间产生的感受、发表的看法、做出的决定等都属于自然思维。由于每个人的具体情况不同，自然思维会受到自身经验背景、教育模式及生活环境等因素的影响，并深受习惯思维、定势思维、已有知识的局限。因此，自然思维往往会有正确或属实的部分，但也很容易掺杂主观偏见、情绪、刻板印象甚至误解。让我们的思维只停留在自然思维层面是一个非常“轻松”的选择，但浑浑噩噩什么都不深入思考就度过一生，这种方式并不符合批判性思维对思考者的要求。批判性思维提倡在进行思考的活动时，对自然思维进行优化与深入，形成反思性思维。

反思性思维是第二个层面的思维活动。反思性思维即对自然思维的再思考，是对初始想法的分析、评估、审验等思考活动，以便对自己的所知进行校正、净化、更新和完善。要想从自然思维升级到反思性思维，依据反思性思维的定义，需要进行“再思考”。对自然思维进行的“再思考”主要包括分析自我产生相关想法的原因、评估自己是否受到主观情绪的影响、审验自己的看法是否包含偏见或误解等一系列反思性的思维活动。理性分析与评估自然思维，找出不足的地方加以矫正与完善，才能使思维活动处于不断更新、不断深入的上升通道中，最终有助于提升整体思维水平。

美国教育家约翰·杜威（John Dewey）在《民主主义与教育》一书中也提到“反思性思维”的含义及其重要性：“所谓思维或反思，就是识别我们尝试的事和所发生的结果之间的关系。”反思要与行动相连，要在行动中对行动进行反思，包括“对行动反思”和“在行动中反思”。反思性思维是对某个问题进行反复、认真、不断的深思。培养反思性思维能力，除了要掌握反思技能，还要养成开放、责任感和执着的反思态度与反思精神。

特别值得注意的是，随着新媒体的快速发展，许多网友在参与网络生活时总是来不及仔细思考就将自身自然思维的产物发表在网络上，这样的行为并不符合批判性思考者的要求，也会对网络环境造成不利影响。例如，在未了解全部事情真相时就急于“站队”发表具有攻击性的言论；仅凭借个人主观喜好就直接发出赞同或反对的声音；由于自身不能适用或接受多样化的文化环境，就对其进行否定与抨击……在这个时候，“三思而后行”变得格外重要，学习批判性思维能够帮助我们养成时刻反思的习惯，从而保障自身一言一行的质量。

二、哲学意义的反思

（一）哲学反思的含义

每当在日常生活中谈到哲学，最容易联想到的就是反思。把哲学看作对万事万物的反思，从而认为哲学是一门深奥的学问。对哲学和反思这种通常的理解，不能说是错误的，但却是粗浅的。因为这种理解虽然知道哲学能够反思地看问题、看到问题的根源和本质，可是恰恰忽略了哲学反思的实质是什么，哲学为什么是反思的，哲学与反思的关系到底是什么？

反思，最直接的意义就是思想以自身为对象反过来而思之，也就是黑格尔（Hegel）所说的“对思想的思想”。这表明反思是思维对存在的一种特殊关系，即思维把“思维和存在”的“统一”所构成的“思想”作为“问题”而进行“反思”的关系。正是思维对存在的这种反思关系，才构成了人类思想的哲学维度，决定了哲学思维方式的根本特性。

近代哲学就是在思维与存在具有相异性的前提下，去解决思想的客观性问题。显然，当人类能够质疑理性所把握到的世界的本质是否具有真理性，思维就从淳朴地断言世界的“本原”是什么向前极大地推进了一步，也就是思维不再淳朴，它在审视整个世界之前必须完成对自身的反思。如黑格尔所说：“反思以思想的本身为内容，力求思想自觉其为思想。”这就是真正意义上的哲学反思。

卡尔·海因里希·马克思（Karl Heinrich Marx）指出：“对人类生活形式的思索，从而对它的科学分析，总是采取同实际发展相反的道路。这种思索是从事后开始的，就是说是从发展过程的完成结果开始的。”马克思在一定意义上揭示了哲学反思的本质内涵。

著名哲学家尤尔根·哈贝马斯（Jürgen Habermas）认为：“哲学思维本身，就是从体现在认识、语言和行动中的理性反思中产生的。”著名哲学家冯友兰指出：“哲学是人类精神的反思。所谓反思就是人类精神反过来以自己为对象而思之。人类的精神生活的主要部分是认识，所以也可以说，哲学是对于认识的认识。对于认识的认识，就是认识反过来以自己为对象而认识之，这就是认识的反思。”

由此可见，哲学层面上的反思是人类精神生活达到一定阶段的产物，是人类精神自觉的开始，是对已有“思想”的思想、对已有“认识”的认识，是一种超越于自然生命之上的精神活动，是自由思想的真正实践。正因能够反思，人才脱离于动物式的本能生命而真正地崇高起来。

（二）哲学反思的特性

1. 批判性

哲学的反思是以怀疑、批判的方式呈现的，其实质内容即哲学的批判。批判往往发轫于反思，以反思为先导，因为“批判即需要一种普通意义的反思”。哲学以反思肇始，以批判扬弃而展开的理性思维运动。所谓批判性，就是辩证否定，哲学反思是对反思对象即现有“思想”“认识”进行否定性追问和审视，以期对错误性、片面性、暂时性扬弃和超越的思考过程。批判性是反思的本质特性。

2. 综合性

哲学反思的综合性是指从总体上把握人与世界关系的宏观结构、普遍本质和一般规律，包括这种关系建构的前提、原则、基础和实现形式；它是试图说明各个领域之间相互联系的一般原则。正如美国哲学家罗伯特·C.所罗门（Robert C.Solomon）所说：“通过反思、明确表达和论证，哲学帮助我们对自己的思想进行分析和批判性的考察，帮助我们把关于自身和世界的看法综合起来，将其整合为一种独立的、统一的看法。这种综合就是哲学反思的最终目的。”

3. 前提性

哲学反思的前提性是指它是对思想的“前提”的反思，而不是对思想“内容”的反思。思想既有其内容又有构成思想的根据、推演思想的原则、评价思想的尺度和检验思想的标准。这些根据、原则、尺度和标准就是思想得以形成的前提。因此，思想的自我反思包含两个基本层次：一是对思想内容的反思；二是思想对构成自己的前提的反思。前者是普遍存在于各种思维活动之中的反思，后者则是属于哲学层面的哲学反思。

三、生活中的反思

（一）日常反思的方法

在我们置身的世界中，目之所及，看到的只是一个个表象。如果要透过表象看到更多，就需要进行更多的观察和思考。在表象之上，是经由归纳抽象出来的经验、假设和模型；在表象之下，是大量更加真实的、繁密的细节性信息。反思成为了在表象之上与表象之下折返的桥梁，反思越多，我们就越能从表象之上过渡到更多的抽象理念和具象事实之中。

我们应该如何反思呢？在《精进：如何做一个很厉害的人》一书中崔翔宇先生提到，在通往理性的道路上，我们可以从下面这几个方面来进行反思：

1. 对于信息的反思

- 在做这件事时我利用了哪些信息？其中哪些信息是最关键的？
- 这些信息是从哪些渠道中得来的？哪些渠道被证明是很有价值的？
- 我可能遗漏了哪些信息？这些信息可以怎么得到？

2. 对于预期的反思

- 在做事之后，是否对事情的过程和结果形成了正确的预期？
- 我为什么会形成这样的预期？是什么造成了预期和事实之间的偏差？
- 我的预期是否促进或阻碍了事情的进程？今后应该如何管理自己的预期？

3. 对于结果的反思

- 怎样描述这件事的结果？怎样评价这件事的结果？
- 在描述和评价这件事的结果时我用了哪些指标？这些指标是否需要改进？
- 结果需要哪些改进？如何改进？

4. 对于进度的反思

- 时间的进度合适吗？是太快了还是太慢了？是什么因素导致了这样的结果？
- 当进度出现问题时使用了哪些手段进行干预？效果如何？为何效果理想或不理想？

5. 对于工具的反思

- 在完成这件事情的过程中，我使用了哪些工具？

- 哪些工具起到了重要的促进作用？哪些工具起到了阻碍作用？
- 如何改进现有的工具使其发挥更好的功效？

6. 对于情绪的反思

- 在做事的过程中我们的情绪状态是怎么样的？
- 是否出现过情绪失控的情况？是什么引发的？
- 我是否有意识地调整自己的情绪？在这期间使用了什么方法？是否需要改进？

7. 对于阻碍的反思

- 在做事的过程中我遇到了哪些阻碍？其中最重大的阻碍是什么？
- 我是如何应对这些阻碍的？取得了什么效果？
- 这些阻碍中哪些会长期存在？我需要通过什么持续的努力来减少这些阻碍？

8. 对于优势的反思

- 在做事的过程中，我发挥了什么样的优势？是否有什么优势还没有利用和发挥的？
- 在做事的过程中，我的主要收获有哪些？我的哪些知识和能力得到了提升？
- 我可以向做同类事情的其他人学习什么？他们有哪些优势是我不具备的？

9. 对于缺憾的反思

- 在做事的过程中，我的遗憾有哪些？最大的遗憾是什么？是什么原因造成了这个遗憾？
- 在做事的过程中，我们暴露了哪些缺点？其中哪些缺点是必须且迫切需要改正的？
- 关于这件事，别人对我有什么批评和评价？他们的批评有哪些可取之处？

10. 对于意义的反思

- 这件事对我来说最大的意义是什么？对我的短期生活和长期生活分别有什么影响？
- 这件事对周围人、对社会、对整个世界和对地球的意义分别是什么？
- 我发现了哪些意想不到的意义？

作者在书中同时强调，在进行反思时，一定要注意及时性，最好在事情结束时立即进行反思。因为此时记忆中保存了大量事情的细节，这样的反思非常有效果。而人的记忆力是有限的，时间一长往往记不得发生过什么事。书中同时强调要关注事物的脉络。事物的脉络，就是事物从何时开始、何时进展、何时结束，其中哪些环节最为重要，理清了脉络后，在处理同类事件时会更加得心应手。最后书中提出，我们需要关注意外的现象。意外现象并不是指现象本身出乎我们意料，而是这个现象超出了我们认知。因此把注意力放在意外现象上，不失为我们克服认知局限性的一种方法。

吴伯凡先生在《如何做到真正的“反思”》一文中对于反思也进行了深刻的论述。他认为，反思就是快速结束一个循环，站在下一个循环中觉察上一个循环中自己的知和行，然后去修正。所谓“拖延症”，就是永远滞留在一个循环里，根本不愿意去完成和结束一个过程。要想进行反思，就要迅速完成一个循环。处在当下的某一个循环里，我们是不可能进行有效反思的。例如，我们想提升自己的写作水平。但是，只要我们还未积累足够的写作实践，我们的“反思”也是显得相当苍白的。我们苦苦追寻的所谓“方法”“技巧”其意义也是极为有限的。从另一个角度讲，“知”与“行”应该趋向于同步（类似于加快每一个循环的进行），才能做到真正的“知行合一”。这样的循环叫作 OODA 循环（观察、调整、决策、行动）。

（二）自我的反思

我们即刻的欲望、痛苦、想法和感受深深地主导了我们的生活。出于本质上的自私，我们去寻求自我满足。我们并不去考虑自身的看法是否精确，反而总认为我们已经思考过；我们并不去深入思考个人成长、发展和自我完善的问题，也总是认为我们已经思考过；我们并不会去主动地发现自己的弱点、偏见和自欺。相反，我们总是以满足自己的需求为目标，避免他人的反对，合理化自己的观点和行为。

人们倾向于用自我中心的方式进行思考，这意味着我们几乎没有真正地理解自身思维和情感的本质。例如，我们中的很多人无意识地相信，不思考也是有可能获得知识的，也是有可能阅读的，并且优秀的写作能力是一个人与生俱来的，而非后天努力的结果。因此，我们倾向于逃避学习的责任，不再尝试学习新的思维模式。我们中的很多人在思维上是墨守成规和过于简单化的，而自我中心又妨碍了我们发现这一问题。我们用自己发明的内在枷锁束缚住了自己。这些内在的枷锁会对我们的人际关系、成功、成长和幸福感带来负面的影响。

通过忽视自我或假装自己的思维是公正的就想克服自我中心是不可能的。只有培养良好习惯，才能约束住我们的自我中心主义。我们只有看到自己回应方式的不足，通过重组思维来对其进行调整而不是简单否认这些回应模式，才能超越自我中心式情感的回应。例如，你可能会有这种恐惧心理：想向老师提问，却又担心会被其他学生嘲笑。如果想要克服这种恐惧，首先你必须明确产生这种恐惧情感的自我中心思维："如果我问了这个问题，其他学生可能认为我很木讷或很愚钝。"明确了恐惧产生的原因之后，你可以从另一个方面对其进行思考，例如："我的任何问题都能帮助我学习，其他同学也是这样。更为重要的是，如果有同学认为我的问题是愚蠢的，那是他们的问题，他们缺乏一种将提问理解为学习的能力。我不会因为他人对学习的狭隘理解而停止我的学习。"

尽管没有人会将自己定义为自我中心主义者，但是每一个人都应该认识到，自我中心主义是我们进行自我反思时的障碍。应对自我中心主义的一个方法就是探索我们被自我中心主义塑造的程度：我们每一个人都出生在特定的文化、国家和家庭中，自小开始父母便向我们反复灌输某一特定的信念（家庭、个人人际关系、婚姻、童年、服从、宗教、政治、教育等）、我们与有某些信念的人建立各种各样的人际联系等。我们是这些影响的产物，只有通过自我反思，我们才能成为一个不轻易被他人影响、能够独立思考的人。如果不加辨别地去相信他人的灌输，那么我们的思维很有可能会陷入自我中心的误区并对我们的思考习惯产生负面的影响。

（三）对外部资讯的反思

每个社会和文化都有其独特的世界观，这些世界观深刻影响着这种社会和文化下人们的生产和生活方式。任何一个新闻媒体无一例外地都反映了它所在文化的世界观，但是，真实的世界却比媒体中呈现出来的要复杂得多。面对媒体，我们要成为一名批判性的受众并做出客观的解读。

反思是帮助我们战胜个人本性和直觉思维的一系列复杂技能，不具备反思精神的人会无意识地根据一些潜在标准来确认信息的真实性。这些潜在标准如下：“如果我相信它，它就是真实的。”“如果我们相信它，它就是真实的。”“如果我们想相信它，它就是真实的。”“如果相信它符合我们自身的利益，它就是真实的。”而具有反思精神的个体会有意识地调整标准来判断事实的真实性。这些标准如下：“我相信它，但是它未必就是真实的。”“我们相信它，但是我们也许是错的。”“我们想相信它，但是这也许是因我们内心愿望而产生的偏见。”“相信它符合我们最大的利益，但是我们的利益与它是否真实无关。”

在当今社会中，有些报道是按照以下原则进行的：从我们的角度看，事情是这样的，那么，事情就是这样的；如果有事实支持我们的观点，那么，这些就是最重要的事实；对我们友好的国家值得表扬，对我们充满敌意的国家应该遭到批评和谴责；最能引发读者的兴趣、激发他们情绪的故事是新闻中最重要的故事。媒体关注读者关心的问题，因此，尽管有时候人们可能存有非理性的信念，一些媒体也会将人们这些非理性的信念合理化。当美国普遍接受奴隶制时，媒体在报道中称奴隶制是自然的存在；当美国国内对奴隶制的存在产生分歧时，媒体也随之改变，做出配合（每份报纸都会和读者的意见保持一致，将读者认为是准确无误的信息报道为是正确的）。例如，一名女性在法国蔚蓝海岸不穿衣服晒太阳浴是常事，不会招致人们批评，她的行为也不是新闻。但是，同样是这名女性，如果她在黎巴嫩海滩以同样的方式晒太阳浴，那么她的行为就会招来批评，她的行为也会被当作新闻来报道。

要辨别媒体中的非理性需要我们将反思变为思维习惯。首先，我们需要不断地对自己的价值观与评判标准进行反思。我们必须清晰地意识到每个人的价值观与评判标准可能会存在不理性的因素。其次，我们需要意识到每一个媒体都会受到其所在社会价值观的影响，而这些价值观有可能会存在不理性的因素。最后，我们必须有意识地去区分事实与观点。不断地进行反思、阅读著名异见者对他所处时代主流观点提出质疑的著作，会帮助我们更快地成长为理性并独立的思考者。

第四节　批判性思维之八要素

人类只是会思维的芦苇，然而因为懂得思考，人类却成了万物之灵长。（故）思想铸就了人类的伟大。

——布莱士·帕斯卡（Blaise Pascal）

在本章的前几节我们已经对批判性思维的概念及其两大特征进行了讲述，那么我们应当如何获得批判性思维？是否能够利用工具帮助我们培养批判性思维能力呢？本节将对以上两个问题进行解答，我们将通过本节的学习，了解培养批判性思维能力的技巧与方法。

一、对于思考的思考

思考在某种意义是人的本能，很多人的思考也确实只是停留在本能的阶段，浅尝辄止或者混乱发散。这样的思考往往也是盲目与低效的。比如，说话的本能谁都有，但并非谁都是演讲家；哼唱的本能谁都有，但并非谁都是歌唱家；涂抹的本能谁都有，但并非谁都是画家；奔跑的本能谁都有，但并非谁都是奥运冠军。思考是一种本能，但思考更是一种技能。我们虽然被赋予了各种各样的“本能”，但如果我们希望自己的每一个决策都足够明智，行动时不被自己的情绪、欲望或直觉绑架，那么我们应该从学习思考开始，不断改进我们的思维方式。

有些人会认为一个好的思考者是天生的，事实是大脑就像肌肉一样也需要锻炼，思考的能力是可以训练和培养的。只有经过专业的训练，初级的“本能”才能发展成为高级的“技能”。培养自己的思考能力，就好像学习其他学科，只要付出努力，恰当地利用一些思维工具，我们的思考能力就能不断提高。我们可以将优秀的批判性思考者的特质提取出来并向他们不断学习。优秀的批判性思考者一般具备以下特质：

- 能找到关键的问题和困难，并能清晰准确地表达这些问题。
- 能快速收集大量的信息，并用简练的语言表达这些信息。
- 能提出有效的解决方案，并有标准检验是否有效。
- 能在遇到复杂问题的时候，和他人有效交换信息。
- 能在遇到阻碍的时候，找到可替代方案，放弃现有的选择。

基于此，我们可以将思维八要素作为一个可供借鉴的思考框架，将其用来帮助我们培养优秀的思维特质、成为一名优秀的批判性思考者。

二、思维八要素概述

我们学习篮球、网球或橄榄球等运动项目，第一步是去学习最基本的动作要领。就像学习这些运动项目一样，初学批判性思维要去学习思维最基本的要素。如果我们不能准确地对思维组成部分进行分析，那么我们就无法对它进行反思，从而对其进行校正与优化。

美国批判性思维大师理查德·保罗（Richard Paul）先生在他撰写的《批判性思维工具》一书中指出："要学会反思，就要学会分析思维。而要分析思维，首先要了解思维的基本结构。当我们能够熟练地识别出思维的要素时，我们就能从其基本成分层面更好地理解问题，由此也就能更好地识别出思维缺陷。"

思维要素也被称为推理的要素或思维的基本结构。思维的要素之间有一定的内在逻辑关系，思维要素总是以一个相互关联的集合序列呈现。我们的行为会受到以下要素的影响：

做这件事情的**目的**是什么？

要达到这个目的，现实中会遇到什么样的**问题**？

要解决这些问题，需要用哪些**概念**（理论、定义、规则、原理、模式）来分析这些信息？

需要收集哪些**信息**（数据、事实和经验）？

思考过程基于哪种**假设**？

基于什么样的**推理**和解释？

能得出什么样的**结论**（意义和结果）？

在这个主题中，我持有怎样的**观点**？

简单地说，我们可以这样理解：我们的每一段思考都是在某种目的的指引下，去解决一些现实的问题。在此过程中，需要澄清相应的概念，搜集大量信息，提出各种假设，进行一定的推理，得出相应的结果，体现某种观点。图 2-4 描述的便是以上八个要素，是理查德·保罗（Richard Paul）与琳达·埃尔德（Linda Elder）提出的思维分析框架，也是批判性思维领域一个经典的工具模型。

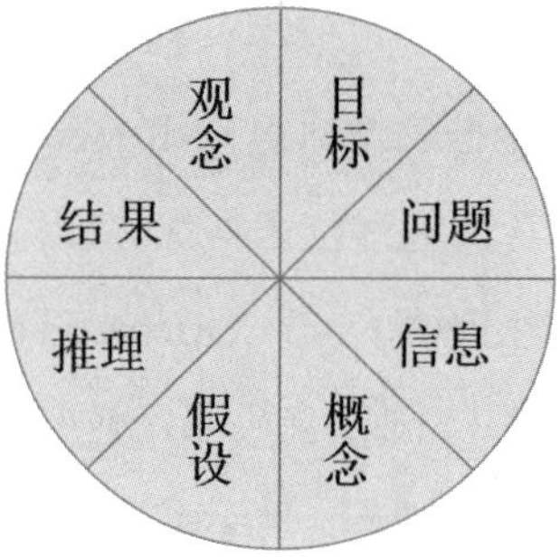

图 2-4 批判性思维八要素（图片来源于“思考与创新”课程资料包）

理查德·保罗（Richard Paul）思维八要素提出的意义在于我们可以利用该八个要素对自己的思考过程进行分解，并有意识地对每一个要素进行评估、观察与考量，从而对原有的思维过程进行反思与总结，并识别出思维中的缺陷，提升我们的思维质量。

三、思维八要素的应用

我们每一段思考过程都由这八个要素构成。在能够准确地识别出八要素之后，我们需要掌握如何对这八个要素进行反思、分析以及理解，并思考如何将其运用在生活中。接下来一一进行说明与探讨。

（一）目标

强烈的目标感会促使事情朝着积极的方向发展。目标指引着人行动的方向，是我们所期待的对象，但它常常隐藏在人的潜意识中。

把思维的目标提升到意识水平是批判性思维能力至关重要的一部分。我们可以利用这样几个问题来对目标进行反思。

1. 你想要达到的主要目标是什么？

你学习的目标是什么？是积累知识，是顺利毕业，还是改变世界？

你恋爱的目标是什么？是获得眼前的快乐，是建立长久的亲密关系，还是以结婚来对抗社会的压力？

你参加社团的目标是什么？是发展兴趣，扩大交际，打发无聊，还是仅仅为了学分？

你人生的目标是什么？是慵懒享受，是积累财富，还是精神上的丰富和成长？

你公司的目标是什么？是积累财富扩大规模，还是更好地服务他人，解决社会问题？

你公益项目的目标是什么？是解决某个社会问题，是获得可持续的资金，还是获得声誉和地位？

2. 这些目标现实可行吗？清晰吗？有可能衡量吗？

设定的任何目标都应该符合 SMART 原则，做到具体、可衡量、可实现、相关以及时间约束。第一，具体原则是指目标必须清晰且定义明确；第二，可衡量原则是指目标能够被量化；第三，可实现原则是指设定的目标切合实际而非超出自身能力范围；第四，相关原则是指每一个目标的达成都应当为上级目标提供助力；第五，时间约束原则是指对于达成目标的时间需要设定限制，根据目标达成的难度大小，这个时间可以是一周、一个月，甚至是一年。

3. 反复思考你设定的目标：是否有更优的目标？

科里·帕特森（Kerry Patterson）与约瑟夫·格雷尼（Joseph Grenny）在其著作《关键对话》中告诉我们，双赢沟通的秘诀在于关注你的真实目标。要想实现双赢沟通，我们需要在对话前和对话中问自己 4 个问题：“你希望自己实现什么目标？”“你希望为别人实现什么目标？”“你希望为彼此的关系实现什么目标？”“想要实现目标应该怎么做？”

4. 你的行为和目标一致吗？会不会知行不一？

你的目标是拥有八块腹肌，但却天天啤酒炸鸡不健身，这样的目标注定会蜕变成“美好的愿望”。目标的落地需要切实的行动，同时需要反思在行动中你是否偏离了既定的目标，你的目标有没有贯彻性执行，你有没有以终为始、不忘初心。

曾经有一位禅师非常喜欢兰花，平日弘法讲经之余，花费了许多时间栽种兰花。有一天，他要外出云游。临行前交代弟子，要好好照顾寺庙里的兰花。在禅师外出期间，弟子们总是细心地照顾兰花。但有一天他们竟然把兰花忘在了户外。当晚，狂风暴雨，把兰花架吹倒了，所有的兰花盆都跌碎了，花散了满地。弟子们因此整天提心吊胆，就等师父回来后挨训。禅师回来听说此事后，不但没有责怪弟子，反而安慰他们说："我种兰花，一是希望用来供佛，二是为了美化寺里环境，但绝不是为了生气而种兰花的。"

目标之于人生非常重要。你是要忙乱一生，还是要专注一生？很多人在职场中缺乏定力和耐性，遇到一点点不开心的事就"裸辞"。可是工作换来换去，事业并无太大起色，越跳槽反而越迷茫。与之不同的是，社会领袖都是具备强烈的使命感并且专注于人生目标的人。叶圣陶先生说："人生是为一件大事而来的。"但愿我们能尽快找到自己人生的这件大事，专注一生，获得充实而幸福的人生。

（二）问题

说起问题之于思维的重要性，我们不得不提到古希腊著名哲学家苏格拉底。苏格拉底被世人称为最伟大的思想家和老师，但他一生中却没有任何著述。他的思想都是在与别人的对话中得到呈现的。今人主要通过他的两个学生色诺芬尼和柏拉图的著作来了解他。苏格拉底最著名的一句话就是：我唯一知道的，就是我自己一无所知。因此，他从不灌输任何知识给别人。同时，他认为知识是人们原来已经具有的，不过自己还不知道，自己的工作便是要通过对话的方式帮助别人产生知识。接下来让我们通过一段有趣的对话，一起看一看苏格拉底是如何通过对话的方式，帮助别人产生知识的。

有一天，苏格拉底像往常一样，赤脚敞衫，来到市场上。突然，他一把拉住一个过路人问道："我有一个问题弄不明白，向您请教。人人都说要做一个有道德的人，但道德究竟是什么?”路人回答：“忠诚老实，不欺骗人。这就是公认的道德行为。”苏格拉底说：“你说道德就是不能欺骗别人，但和敌人交战的时候，我军将领却千方百计地去欺骗敌人，这能说不道德吗?”路人答道：“欺骗敌人是符合道德的，但欺骗自己人就不道德了。”苏格拉底又说：“和敌人作战时，我军被包围了，处境困难，为了鼓舞士气，将领就欺骗士兵说，我们的援军到了，大家奋力突围出去。结果成功了。这种欺骗能说是不道德吗?”路人答：“那是战争中无奈才这样做的，我们日常生活中就不能这样。”苏格拉底追问：“儿子生病了，却又不肯吃药，父亲骗儿子说，这不是药，而是一种好吃的东西。请问这也不道德吗?”路人无奈地说：“不知道道德就不能做到道德，知道了道德就是道德。”苏格拉底听了十分高兴，拉住那人的手说：“您真是一位伟大的哲学家，您告诉了我道德就是关于道德的知识，使我弄明白了一个长期困惑的问题，我衷心地感谢您！”

我们会发现在这段对话当中苏格拉底并未直接告诉路人到底何为道德，而是通过不断提问引导着路人思考出答案。这种通过问题去启发和引导对方的思考，就是著名的苏格拉底诘问法，我们也将其称为“产婆术”。

通过以上案例，我们能够深刻体会到问题之于思维有着十分重要的意义，可以说问题是思维的发端，没有问题就没有真正意义上的思考。在某种程度上，问题决定着思维的目的和方向，驱动着思维的发展。我们甚至可以说问题的质量决定着我们思维的质量，只有经过了深入的思考后才有可能产生高质量的问题。对于问题，我们可以从以下几点进行反思：

- 你目前面临的主要问题是什么？
- 有哪些是表层问题？如何转化为深层问题？
- 如何区分主要问题和次要问题？
- 你能否把问题进一步拆分成更小的，可解决的具体问题？

（三）概念

概念是思维的逻辑起点。任何事物都必须由人们创造出概念之后才能进入到思维当中。概念具体是指解释、分类或汇总信息时所用的总的范畴或观念。举例来说，本书的关键概念是思考与创新，书中一切内容都是为了诠释它们而写，而这两个概念又分别由其他概念来解释。从哲学层面上讲，概念是思维最基本的单位。因此，模糊混乱的概念只会导致模糊混乱的思维，高质量的思考必须建立在清晰明确的概念之上。所以当我们进行行动与决策时要特别关注概念。我们可以从以下几个方面对概念进行关注：

- 每个议题或论题的核心概念是什么？
- 具体如何解释这些概念？
- 不同群体或个人给出的解释是否有差异？
- 是否存在歧义、曲解概念等情况？

案例分析：几年前，中国法学会“反家庭暴力网络”的研究人员到北京周边的一个村子里做调查。调查人员进村后，问村中的妇女村子里是否有“家庭暴力”的行为。那些正在外面晒太阳的妇女们都说：“我们村子治安很好，没有家庭暴力。”但是，当被问及是否有“男人打女人”时，她们异口同声地回答说：“打女人？家家都在打。”

阅读以上案例，讨论分析为何调查人员在第一次询问时未能获得有效的回答？

很多时候我们面临的问题首先不一定是事实问题，很可能只是语言问题或概念问题。所以，在我们进行思考的时候，我们要力求做到先去澄清概念，特别是一些抽象的概念，再去考证事实，即语义考察先于事实研究，我们将这种方法称为语义先行。学习去质疑和反思概念，加强沟通，避免概念歧义，这是提高思维能力至关重要的一步。

（四）信息

思维是搜集、分析和加工信息的过程。因此，作为思维的原料，信息质量的高低也就直接决定着我们思维质量的高低。

互联网时代，我们每天都会接触到海量的信息，面对如此多信息，我们应当如何保持独立思考，不人云亦云？我们又当如何对虚假信息和低质量的信息进行区分筛选？我们应当怎样培养自己的信息素养，提升自己搜集、评价、运用信息的能力？

要解答以上问题，我们首先需要对信息进行分类。“C 计划”的创始人蓝方在 TED 主题演讲中提出我们可以将周围的信息分为两类：第一类我们称之为事实信息，这一类信息是对外部客观世界的描述；第二类我们可以称之为观点信息，这类信息往往是信息传达者个人的看法和意见。对于事实信息与观点信息，我们有不同的方式来评判其质量的高低。

首先，对于事实信息来说，要想判断一条事实信息的真假我们必须要做的就是去考察该条信息的信息源。如若能够找到其信息来源，那么我们则需要对信息源的中立性、权威性以及客观性进行评估；如若无法找到信息源，那么我们则需要等待、存疑，直至寻找到信息源为止。对于事实信息的评估除了寻找信息源外，我们还需要去寻找旁证来对其进行证真或证伪。

其次，对于观点信息来说，我们主要通过考察其论证来判断该条信息的真伪。第一，我们需要考察该条观点信息的论据是否真实；第二，我们还需要对论据与论点的相关性进行考察，确保论据与论点说的是同一个主题；第三，我们需要对论证过程当中的推理进行评估，分析推理是否具备充分性，推理的内容与形式是否准确。

我们还可以通过思考下面几个问题来检验信息的真伪：

- 在多大程度上，我可以靠直接经验判断这一信息的真伪？
- 这个信息在多大程度上与我认为正确或笃信的经验相一致？
- 提出这一信息的人是如何证实它的？
- 是否有一套明确的系统或程序来评价这种类型的信息呢？
- 承认这个信息是否会有利于提出它的人或组织？

- 质疑这个信息会不会让信息提出人感到不舒服？

批判性思维的重要技能之一就是对信息进行评估，我们可从以下三点去培养自己的信息素养：第一，要分清楚信息和事实，信息和证据不是一回事；第二，要明白看上去属实的资料可能其实并非如此；第三，有时候尽管信息本身很具有威信或者提供信息的人或组织很具有权威性，但这无法保证它的准确性和可靠性。

（五）假设

假设是思维的前提，是位于我们潜意识中，被我们认为理所应当的事物，它通常为我们已知且深信不疑，是我们信念体系的一部分。我们认为它们正确并用它们来解释事情。生活中充满了假设，合适的假设是必不可少的，如果我们质疑每一个假设，那么将无法正常生活。但是，由于人类思维的局限性，人们也会经常设定一些不甚合理的假设，例如：假设如果一个观点被广泛报道，那它一定是真的；假设自己熟悉的想法比不熟悉的想法更正确；假设妻子（或丈夫）应该做所有的家务。这些不甚合理的假设会导致我们做出错误的判断与行为，成为自我限制的边框或者门槛。因此学会挖掘生活中潜在的假设并对其真伪进行分析是我们思维进阶的重要一步。

崔翔宇先生在《精进：如何成为一个很厉害的人》这一书中提出："当我们在人生中遇到某个无法摆脱的僵局时，下面三步可以使你获得'新生'：第一，找出潜意识中的隐含假设；第二，识别'隐含假设'中的不合理性；第三，校正不合理性，寻找'可能选项'，采取行动。"

学会把思想中潜意识的部分提升到有意识的层面上来，解构和重构自己的假设是批判性思维的一个重要部分。对于不合理的隐含假设，我们只需要做到冷静、理性，用心识别其不合理之处并进行校正便能够高效地进行自我反思，找到问题的解决方案。

（六）推论

推论也被称作推理，是指根据一个或一些陈述（前提）得出另一个陈述（结论）的思维过程。它不同于猜测，其需要基于合理的原因和证据来获得结论。推论有助于我们超越感官的有限性，在理性的国度里走得更稳更远。演绎推理、归纳推理以及类比推理是推论的三种基本类型。下面我们将对三种推理类型以及如何判定推理质量进行说明。

1. 推理的基本类型

（1）演绎推理。演绎推理是从普遍下降到特殊的思维活动，是一种必然性推理。即前提真，推理形式正确，结论必然真。直言三段论推理“所有人都是会死的，苏格拉底是人，所以，苏格拉底是会死的”便是演绎推理最为经典的例子。

（2）归纳推理。归纳推理是从特殊上升到普遍的思维活动，是或然性推理。即前提真，推理形式正确，结论未必真。如“鸡蛋是圆的，鸭蛋是圆的，……所以，鸟蛋是圆的”这一推论便是对归纳推理的运用。

（3）类比推理。类比推理是根据两个对象在某些属性上相同或相似，通过比较而推断出它们在其他属性上也相同的推理过程。它是思维从特殊到特殊的平移运动，其结论具有或然性。如“这篇小说只有 1000 字，文字很流畅，这篇小说得奖了。你写的这篇小说也是 1000 字，文字也很流畅，因此也可能得奖”。

2. 推理质量的判定

美国投资家沃伦，巴菲特（Warren Buffett）曾说过：“你的正确来自你的事实对和你的推理对——这是唯一使你正确的原因。如果你的事实对和推理对，你没有必要担心别人的看法。”董毓先生在《批判性思维原理和方法——走向新的认知和实践》一书中提出推理是理性的核心，推理的正确与否是决定生活、认识和行动能否成功的要素之一。因此，在我们进行思考时要特别注意推理的正确性。那么如何判断推理是否正确？我们应当如何辨别一个推理是优质的还是劣质的呢？

依据董毓先生在其著述中的说法，一个好的推理应当同时具备相关性与充足性。相关性是指前提与结论必须是相关联的，这是前提的资格问题，也是一个推理的起步条件。在生活当中，有些时候我们会忽视推理的相关性原则，导致我们自己落入了思维的误区，如当我们在指责某人未能遵守时间完成一项任务时，往往会这样论证“我就知道他无法按照要求完成任务，你看看他每天起床多么的晚”，这样的论证过程在逻辑上踏入了“无关”的思维误区，因为“起床晚”与“一定完成不了任务”之间并不具备相关性。充足性是指推理的前提对结论构成了足够的支持。充足性在不同的推理中具备不同的含义：在演绎推理中，充足性是指有效性，即前提真，结论必然为真；在归纳推理中，充足性是指结论的高概率，即现有的证据真，结论可能为真；在其他推理中，它指最好的论证，即现有的证据真并且给结论提供了最佳的支持。

（七）结果

结果是在特定情况下实际发生的事情。比如我惹你生气了、猫打翻了咖啡杯。如果我们擅长鉴别可能会发生与必然会发生的事，我们就能提前采取措施让积极的结果最大化、消极的结果最小化。

但在实际生活中，人们常常忽视结果及其造成的影响，也常常只认识到一部分结果。我们倾向于只看到表面结果和正面结果，深层的和负面的结果往往总是被我们无意或有意地忽略。比如在教育过程中，老师和家长花了很多精力教育孩子，报各种辅导班、花大钱购置学区房、要求孩子努力提高分数等，却很少评估应试教育对孩子的心理压力，忽略孩子的心理需求，尤其是其带来的负面影响。我们可以通过下面几个问题对结果进行全面的分析：

- 如果我决定做这件事，可能会发生什么？
- 如果我决定不做这件事，可能会发生什么？
- 以前做出的类似决定产生了什么样的后果？

- 忽略某个问题的后果是什么？
- 如果我继续坚持这样做，我可能会面临什么样的后果？

一个优质的批判性思维者应当能够在行动之前先充分、全面地考虑自己要做的事情会带来什么样的后果，并对自己的行动进行及时的调整，从而让自己的思想更明智、让自己的行动更理智。

（八）观点

观点是我们看待事物的立场和角度。清晰地说出自己的主张和见解是一个批判性思考者应当具备的能力。但事实是，我们很多时候会感到条理清晰地表达自己的观点是一件十分困难的事情。下面的小框架能够帮助我们提高表达观点的能力。

我的观点（问题）是________，

我这么说有三个理由（原因），

第一________，

第二________，

第三________。

该框架可以总结为“一个中心，三个基本点”，要想利用好这个框架，需要反复地进行练习。我们首先可以试着套用这个框架，把发言观点写下来，经过大量练习后就可以随时脱口用这个框架沟通和表达了。比如在进行自我介绍时，我们可以套用该框架对自己进行这样的论述：“我是一个积极乐观向上的人，因为第一________，第二________，第三________。”

当我们能够清晰地表达自己的观点之后，我们又应当如何准确地识别他人的观点呢？无论是在听讲座还是在阅读书籍时，要想厘清他人的观点我们都需要进行自问：“他想表达的意思到底是什么？”“文章究竟要讲什么？”通过自问界定出与作者主张直接相关的主要问题，识别出他人的论点。准确地识别他人的论点并对其进行评估也是批判性思考者应当具备的基本能力之一。生活中很多人常常在还未明晰他人的观点之前便不加思考地转述媒体、教科书或其他人的论述，造成一些不理智的行为。

一个优秀的批判性思考者对于不同的观点总是抱着开放、包容的态度。他们将自己视为终身学习者，不会将相反的或不同的观点视为威胁或挑战，而是随时准备根据新的证据与合理的推论修正自己的观点。

思维的八要素之间并非独立存在，毫无关联，相反，它们之间有着密切的联系，我们可以将其相互关系表述如下：我们的目的影响了我们提问题的方式；提问题的方式影响着我们的信息收集；我们所收集的信息影响着我们解释推论它的方式；我们解释信息的方式影响了我们对它进行概念化的方式；我们将信息概念化的方式影响了我们所做的假设；我们所做的假设会影响由我们的思维所产生的结果；我们的思维所产生的结果影响着我们看问题的方式以及观点。对于思维八要素的合理运用能够帮助我们成为一名具备理性的、反思性的批判性思考者。

第五节　目的与问题

我们都知道，所有的思维中都有八种元素，分别是目的、问题、信息、概念、假设、推理、结果、观念。了解思维要素是如何在日常思考中运行的，就像是了解人体是怎样运转和工作的。要想了解人体是怎样工作的，我们首先需要对人体的构造有一个了解，比如我们了解到人体是由大脑、心脏、肺、胃和肾脏等器官所组成的。同样，如果要理解批判性思维的运作过程以及如何对批判性思维进行培养，那么我们也必须对思维的构成有一个了解和认识，即思维到底是由哪些要素构成的？不仅如此，我们在认识思维要素的基础上还应该弄清楚各要素之间的关系，这就像在知道人体的各个器官后，我们还应该知道人体的各个器官是如何协同工作的。不论我们健康与否这些器官都是存在的，与此相同，思维成分的存在也是如此，并不受思维质量或水平的影响。本节我们将一起来学习目的与问题的相关内容。

一、思维要素之间的关系

通过之前的章节，我们已经了解到思维的各个要素之间并非是彼此独立存在的，而是相互关联的。因此我们也应当明确要素之间并没有绝对的界限，它们的区分总是相对的。例如，如果我们的目的是找出少花钱的方法，那么需要回答的问题就是“怎样才能少花钱呢？”这一问题的提出实质上是对目的的重组。另外在这一问题中，我们的观念立场可以理解成“利用消费习惯减少生活开支”，而这一观点也可以被看作对目的和问题的重组。在学习目的与问题之前，认识到各种思维元素之间的紧密联系对我们是十分重要的。

二、目的

所有的思维无一例外地都会指向一定目的，英国学者苏珊·斯特宾（Susan Stebbing）在 1939 年写过一本专门讲述思维目的重要性的书。她在书中写道:“逻辑性的思考就是围绕思维中最初的目的，进行相关性的思考，有效的思考都是指向一定目的的。”我们也认同她这一观点。我们认为所有的思维过程都有其想要达到的目的，人们对事物的思考都是与其目的、欲望、需求及价值观念相一致的，而非随意的或无规律的。

尽管思维总是有一定的目的性，但我们却常常只能模糊地感知到它，在大多数的情况下不能充分地、清晰地辨识出思维的目的。例如，我们出于获得学位的目的在大学里深造，但大多数人并没有深入思考过获得学位对我们意味着什么。对于大部分人而言，上大学或许只是因为你所有的朋友都这样做，是一种人云亦云的做法。在这种情况下，我们并没有对自己上大学最根本的目的进行认真的思考。

事实上，明确目的会使我们在现实中更容易达到自己的目的。不过，人类思维时常存在的一个问题是，人们时常会追求相互矛盾的目的。我们希望受到良好的教育，却不想费脑子参与脑力劳动；我们想要得到他人的关爱，却并不用相同的方式对待他人；我们想要获取信任，却表现出破坏信任感的行为。由此看来，我们自己能够意识到的外显目的只是我们自己想要相信的，而真实目的可能并非如此，甚至有可能是我们羞于承认的。我们或许觉得自己考入医学院的目的是帮助他人，但潜在的真实目的则可能是希望获得更多的财富、更高的社会声誉与地位以及他人的赞赏。因此，我们绝不能理所当然地认为自己还有他人声称的目的与真实的目的是一致的。

此外，我们追求的目的与感知世界的方式是相互影响的。我们的目的塑造了我们感知世界的方式，而我们感知世界的方式又会影响我们所要探求的事物。每一个人都会结合自身的经历和人生背景，从既有的观点立场出发制定自己的目的。为了理解行为的目的，我们应当考虑到自己感知事物的立场与情境。例如，一个美发师出于他的职业立场，会比门卫更关注个人形象。对自己和他人良好外在形象的塑造会更紧密地与他个人的价值观念相联系。而牙齿矫正医师也会比一般人更多地考虑到牙齿的外形。拥有整齐的牙齿对于她的价值也许会远远超过一位足球运动员。想要矫正出整齐牙齿的目的就是源于牙齿矫治医生的观点和立场。

“目的”作为思维过程中个体期望达到的状态，往往具有一定的指导性，也经常被我们所忽略。人类思维上的困境往往来源于目的的模糊与不足。如果目的不切实际，例如，相悖于我们拥有的其他目的，或者目的是令人困惑、含糊不清的，那么我们实现目的的思维过程也将混乱不堪。作为一个不断发展的批判性思考者，我们需要培养自己明确阐述目的的习惯。例如，我们在大学的目的是获得学位从而获得拥有好工作与丰厚报酬的机会。如果清晰地认识到这个目的，并为此不断努力，那么我们就可能获得成功。但我们如果沉溺于社交活动中，忽略自己的目的，那么预期的结果就难以实现。因此，我们应该努力澄清某一情境中的真实目的，清楚并坚持自己的目的才能取得成功。

三、问题

（一）问题是思维发展的驱动力量

问题就是需要解答的题目，生活中我们常把问题看作一种疑问，但是“疑”和“问”是两种不同的心理状态，“疑”是一种感受，而“问”是一种技能，能够提出高质量和创新的问题是需要学习和训练的，并且需要以大量的知识储备为基础。

我们认为“问题”是批判性思维形成的动力。批判性思维需要质疑，而质疑的本质不是“疑”，而是能提出恰当的问题，并予以解决和回答。中国学生普遍不善于提问，很多人认为这是缺少质疑的精神和氛围所致。其实，这是对质疑本质的一种误解。究其实质来说，质疑不仅仅是一种感受，更重要的是一种提出问题的技能。而技能是需要系统的练习和反馈才可以习得的。对于中国学生而言，缺少提问技能的训练才是导致其不善于提问的真正原因。

问题对于学科领域发展来说也非常重要，每个领域都根据不断提出并认真思考的问题而得以发展，问题是思维发展的驱动力量。当一个研究领域不再提出新的问题时，它的发展便也停止了。

对于个人而言，我们需要有能力提出能够促进自身思考的问题。究其原因；一方面是因为提出问题有助于我们清楚任务要求，使我们明晰需要处理的事物；另一方面答案意味着思考的全面停滞，只有当答案能够更进一步地催生出问题时，思维才能得以继续发展。我们甚至可以说好的问题是思维发展的关键。

（二）做一个优秀的提问者

很多时候我们提出的问题并非都是能够刺激大脑进行思考的问题。在我们所提出的问题中，有些是十分呆板的问题，如我们在学习中会问：“实验中会出现这种情况吗？”这种问题提出者通常没有思考的愿望，只是想要得到直接的答案。因此，我们必须不断地提醒自己，只有提出高质量的问题，我们的思维才能得以深化。在大多数的情况下，没有问题被提出等同于不理解，表面的问题等同于肤浅的理解，不清楚的问题等同于含糊的理解。

如果你安静地坐在教室里，那么你的大脑其实很可能也是静止的，并没有进行任何思维活动。我们应当努力追寻一种理想化的状态，即外在波澜不惊，但头脑却在不停地提出、思考问题。我们应该思考并提出能够帮助我们深入学习的问题。如果我们想要独立地进行思考，就应该努力学习用问题激发思维并学会长久地依托问题去思考，从而促进思维的发展。

在日常每一次的思考中，我们至少都要解决一个核心问题。因此，思考过程就应当以核心问题为中心展开。在这里需要明确，对于我们来说开展深层次思考的关键是能够对你陈述问题方式的清晰性和相关性进行评估。接下来，让我们分别对这两个标准来进行说明。

1. 清晰性

问题陈述是否清晰及问题本身的清晰性非常重要，它是评估问题优质与否最基本的标准。如果问题陈述不够清晰，那么它的相关性也会难以评估。比如，我们经常会问“我能在大学期间做些什么有意义的事情？”该问题为一个模糊不清的问题，并不具备清晰性。要想获得一个清晰的问题，我们需要进一步细化这个问题，可以从现在面临的难题出发。我们可以问“大学四年期间，在每一年我能够做哪些事情来提升我在学习方面的能力，以便日后能够寻求到一份理想的职业？”与之前的问题不同，这便是一个具备清晰性的问题。该问题会对我们的思维提供更加有针对性的指导，以更确定的方式展示了思维任务。

2. 相关性

有的时候，我们提出的问题是清晰的、准确的，但却不一定与我们需要解决的事情相关。就像我们在学习中所付出的努力并不一定与我们的学习质量或是学习成绩相关。无关联的问题会让我们去思考无用的内容，而相关问题能让我们的思路保持在正常轨道上。例如，我们想去了解并解决流浪猫狗在学校的居住问题，那我们就应该去了解流浪猫狗在学校的生活轨迹、生活习性、学校制度等一系列相关问题，而非去了解学生对于流浪猫狗每天如何投食的情况。不相关问题的出现源于思维缺乏严谨性，它会导致人们不知道如何去分析对我们真正有影响的因素，进而不能对难题进行有针对性的思考。

（三）检测你的问题

在我们思考的过程中，对于每一个思维要素的使用都可能出现错误，这就需要我们总结一些优秀思考者在思考时使用的反思方法。通过对这些反思方法的学习，我们也可以在自己的思考中利用这些检查点去评估自己的思维要素是否出现了错误，特别是针对“问题”要素的检测，需要从多个方面来进行。

所有的思考都需要去澄清一些事实，发现一些问题，解决一些问题。因此，提出的问题必须是可回答以及清晰的，我们可以借助《批判性思维工具》一书中为我们呈现出的表格（表 2-4）对问题这一思维要素进行反思。

表 2-4　“问题”思维要素反思表

有技巧的思考者	无技巧的思考者	批判性问题
清晰了解尝试设置的问题	通常不清楚自己的提问	我弄清了事物的主要问题吗？ 我能精确地陈述它吗？
用多种方式表达问题	含糊地表达问题，并发现问题很难再表达	我能够用几种方式重新表达问题，从而确认难题的复杂性吗？
将问题分解为子问题	不能对提问进行分解	我将主要问题分解为子问题了吗？ 在主问题中隐含的子问题是什么？

续表

有技巧的思考者	无技巧的思考者	批判性问题
常规地将问题分类	对问题分类感到困惑	对提出或被问到的问题分类时，我感到困惑吗？例如：我正困惑于一个法律问题是否该被归为道德类？ 我是否了解一个基于偏好的问题也需要运用到判断？
区分重要与琐碎的问题	混淆重要与琐碎的问题	当确定了其他重要问题时，我是否还会将其与琐碎的问题进行混淆？
区分相关与非相关问题	混淆相关与非相关问题	我在讨论中提出的问题与主要问题相关吗？
对提问建立的假设抱有审慎的质疑态度	经常提出有偏重的问题	我提出的问题偏重我自己的立场了吗？ 我把应质疑的问题看作理所应当了吗？
区分可回答与不可回答的问题	尝试提出自己不能回答的问题	我能回答这个问题吗？ 在我能回答问题前，需要哪些信息？

（四）问题的三种类型

在进一步讨论如何提问之前，我们首先来看一看对问题进行分类的有效方法。该问题分类法为我们提供了一个提问时所需的“快速启动”法。在提问题时，了解问题的类型是非常有用且十分必要的。这是一个有唯一答案的问题吗？这是一个要有主观选择的问题吗？或者这是一个要求你考虑不同答案的问题吗？了解了问题的类型，有助于我们对所需的答案进行预判。现在，让我们一起来看看问题都有哪些类型。

1. 基于事实的问题

只有一个正确答案的问题（事实题属于这一类）。

- 太阳是如何运行的？
- 鲁迅写过哪些书？
- 圆柱体的体积如何计算？
- 中国南北分布的山脉有哪些？
- 泰坦尼克号是哪一年拍摄的？

- 中国有多少个民族？

2. 基于偏好的问题

问题随着个体的不同偏好而拥有不同的答案（纯粹主观意见的分类）。这些问题让回答者能够去表达出某种偏好。

- 爬山和冲浪，你更喜欢哪一个？
- 你对佩戴假发怎么看？
- 你愿意去看悬疑片吗？
- 你最喜欢的食物类型是什么？
- 你更喜欢在阴天出门还是晴天出门？
- 你更愿意和朋友一起玩绝地求生还是王者荣耀？

3. 基于判断的问题

基于判断的问题是需要进行论证，并有不止一个可行答案的问题。这些问题是具有辩证意义的，答案有更好和更坏之分（被有效论证和不充分论证的答案）。我们可以根据答案的可能范围，搜寻最佳的答案。

- 我们怎样才能准确地了解出国留学的各项问题？
- 什么措施可以有效地减少非法吸毒人群的数量？
- 关于环保，我们能做的最有效的事情是什么？
- 中国传统文化中有哪些文化需要发展与更新？
- 死刑应该被废除吗？
- 如何有效地进行专业课程的学习？

综合来看，我们可以得出这样的结论：只有关于偏好的问题需要绝对的主观意见，基于判断的问题是与论证判断有关的。在生活中，我们会发现一些人会把判断型的问题当作事实问题或主观偏好问题，本能地去寻求一个固定的答案。他们认为，一个提问要么能够引发事实性的回应，要么能够引发观点性的阐述。但是，我们在生活中其实更需要掌握判断型问题，因为它能够促使人们进行理性的思考，提升思维的质量。

当判断型问题被当作偏好问题来对待时，看上去个体似乎掌握了批判性思维，但这种批判性思维只是虚假的批判性思维。在这种情况下，个体非批判性地提出所有人的主观偏好都是等同的假设，我们甚至能够预料到他们会提出这样的问题："如果我不喜欢这些标准会怎样？""我为什么不可以使用自己的标准呢？""我没有使用自我观点的权利吗？""我是一个感性的人，那又会怎样？""我喜欢跟随直觉又怎样？""我觉得直觉比论证更重要又会怎样？""我不相信'理性'又会怎样？"当人们拒绝对问题进行合理推理和深度思考时，他们便会忽视提供合理论证支持观点和仅仅坚持某个观点正确之间的差别。与之相反，一个真正理性的人能够知道判断型的问题是需要考虑多种论证方式的。换句话说，对思维负责的人能识别出需要良好论证的问题并且能够对这些问题进行合适推理与论证。这意味着他们能意识到这类问题可以有不止一个合理解答的方式，更重要的是他们具备责任感，不惮推理论证过程中的困难，在做出最终结论前能够认真考虑与自己截然相反的观点。

那么，在日常思考过程中我们应当如何去辨别问题的类型呢？不妨从思考下面的几个问题入手，这些问题能够帮助我们对问题的类型进行区分与应用。

- 这个问题需要主观意见或个人观点吗？如果不是，这是一个拥有唯一正确答案或者说只能在唯一确定系统中寻找答案的问题吗？
- 这个问题可以从不同的角度来有所差别地作答吗？如果这个问题可以从不同的角度来有所差别地作答，那么考虑所有情况之后，问题的最佳答案是什么？
- 当问题需要开展论证时，某人却说他不需要论证自己的答案，他是否把判断类的问题当作了偏好类的问题呢？这个人是否把判断类问题当作了只存在唯一正确答案的事实类问题？

我们只有清楚了解当下我们对问题的不同需求，才能全面理解所面对的任务。此外最重要的是，要找出那些可以从不同角度看待、接近于可争论的问题。这些问题通常出现在各个学科相互矛盾的学说之中以及思想或理论的领域中。例如，心理学领域包含许多不同的对立学说：认知行为治疗、完形主义等。很多心理学的问题可以通过不同的学科背景进行论证。这些问题需要我们从不同角度进行思考论证，从而做出合理的判断。

（五）如何解决问题

在我们学会提出问题后，接下来要做的就是去思考该如何解决它，我们可以从以下两方面寻找思路、解决问题。

1. 找到并再次规范表达和评估目的与需求

我们所有人都过着有目的的生活。在日常生活中，我们制定并试图达成目的；我们希望获得与价值观相匹配的结果并且不断满足自己的需求。如果目的和愿望可以自动地达成和满足，生活中将不会存在问题，我们也不会面临抉择，但事实并非如此。在这里我们将问题的产生归纳为两个来源。

- 达成目的、满足愿望的阻力或条件。
- 定义目的和愿望时的错误理解。

有些时候，我们会对值得争取和追求的目的产生错误的判断。通常情况下，一名经验丰富的决策者会经常反思他们的一些目的是否值得追寻。通常一些问题的产生仅仅是因为人们追逐了一些不应该追逐的东西。比如说，如果我们认为快乐来源于对自身生活和对生活中重要人物的掌控，那么这个目的势必会对我们和我们想掌控的人构成问题。再比如人类总会追求一些“额外目的”：财富的“超标”（贪婪）、权力的“超标”（控制欲）和食物的“超标”（导致身体不健康）。这些“额外的目的”也会成为生活中问题的来源。因此，解决问题的手段之一是对目的进行反思与评估，从而对不合理的目的进行校正。

2. 准确地辨别问题并分析它们

如果我们没有认识到问题，就无法解决问题。成为问题解决者的第一步是有效地阐述问题。很多人的问题停留在一种模糊不清的状态中，知道某些事情是错误的但不知道具体是为什么。还有一些人对这种模糊不清的状态不满，但是并没有发现问题产生的根源。回避问题或等着问题自行化解都无助于问题的解决。尽管有时候需要静观其变，但如果只是哀求、不断地发牢骚与抱怨或者仅仅是坐在那里表达不满，那么是不能有效地解决问题的。

如果我们能够清晰地表达和评估目的、愿望，就能够理性地表达和评估我们的问题。一旦能够进行这样理性的表达和评估，我们就能够解决问题而不是将它们揉成一团，置于模糊不清的状态中。因此，要想有效地解决问题，需要我们尽可能详尽、准确地说明问题，然后对问题的类别进行研究，明确我们遇到的是哪一种问题。我们面临的很多问题是十分复杂的，复杂的问题有很多纷繁难懂之处。通常来讲，问题可以从不同角度、不同方面来解决。因此，当我们试图解决问题时，需要从不同的角度进行思考以增加问题顺利解决的可能性。

以美国毒品泛滥为例。毒品泛滥涉及的问题很多，假设当前我们面临的主要问题是：我们如何做才能减轻这个国家吸毒的人数？要想从根本上解决该问题，至少需要从三个方面对这个问题进行有效思考。在这里，我们将该问题的思考维度一一进行罗列。

- 人文方面（问题部分是由文化规范造成的）。
- 社会方面（问题部分是由社会群体影响造成的）。
- 心理方面（这些人遇到焦虑或者其他负面情绪时，不能很好地解决问题，他们依赖可以让他们感觉良好的东西，毒品可以让他们即刻满足）。
- 生理方面（这些人生理上依赖于毒品）。

● 法规方面（国家的权力结构阻碍了毒品泛滥问题的解决）。

由此可见，当我们遇到复杂问题的时候，我们要做的是尽可能地去从不同的维度对这些问题进行探究。当我们思考时，需要分清哪些问题是我们可控制的，而哪些问题是我们无能为力的。将无能为力的问题搁置在一边，集中全部精力去解决我们有能力处理的问题。唯有如此，才能够提升我们解决问题的效率。

四、在课堂学习中对于目的与问题的运用

对于任何知识来说，要想掌握好它就需要将其作为一种思维模式来理解。我们对思维模式了解得越深，对知识掌握得就越娴熟。现在，让我们结合前面的学习一起思考一个问题：我们该如何看待大学课程？思维要素中的目的与问题在我们对该问题进行思考时是如何引导我们获得理性答案的？我们可以通过以下问题帮助我们寻找到理性的答案：这次作业的目的是什么？老师问我这个问题的目的是什么？我在课堂上的目的是什么？我读大学的目的是什么？我的长期目的是什么？这次作业的关键问题是什么？研究者关注的关键问题是什么？大学中阻碍我实现成功的关键问题是什么？

所有优秀的思考者都是好的提问者。学会提富有见解的问题，我们将会发现自己学得越来越多，进步也会更快。我们不妨在每门课程中都仔细思考自己的目的与问题，将它变为常规的思维习惯。长此以往，相信我们将会在完善思维方式的基础上得到更深层次的学习体验。

没有人能代替我们进行思考；除了我们自己，也没有人能真正改变我们。如果真的想从所学的内容中受益，那么我们就要进行更高层次的学习，发展自己的智力技能，让自己能够用规范的思维方式进行思考，这种方式能够帮助我们对知识进行深入的理解并将其运用到生活中。

第六节　概念与信息

在本节内容中，将会对批判性思维中的概念与信息的内容这两个要素进行详细介绍。在概念部分，我们将对概念的内涵进行阐述，力求在理解概念特征和含义的基础之上消除论证中的概念谬误，澄清概念，构建清晰的思维；在信息部分，我们将深入理解什么是信息的真实性，以求真的态度探求信息、评估信息。

一、澄清概念

（一）概念的涵义

概念的涵义本身并不容易理解，我们通过一个例子看一下：比如以前你从来没见过一种叫猫的动物，当有一天你见到了，别人告诉你这是一只猫，这个时候你就有了“猫”这个概念，以后再遇到类似的动物，你就知道它叫猫。所以，概念并不仅仅是一个抽象的概念，概念本身也是一种概念。人类跟动物最大的区别之一就是会抽象总结，会用概念、术语和符号去定义某些事物。比如滑雪，我一说你就知道我在指什么，我不用演示给你看；或者说科幻片，大家一听这个概念一般都明白这是一种什么类型的电影，我不需要拉他去电影院看一遍。所以，当我们定义了某个事物，也就把它整合进了我们的思想观念里，我们就能去思考和传播它。

论证中使用的关键概念能够对论证产生重要影响，想要知道一个论证的质量如何，首先得考察、分析其关键概念。概念是思维形式最基本的组成单位，是构成命题、推理的要素。概念有两个基本的逻辑特征：内涵和外延。概念的内涵是指概念所反映的事物的特性或本质；概念的外延是指反映在概念中的一个个、一类类的事物。例如：“商品”这个概念的内涵是用于交换而生产的劳动产品；外延是指古今中外的、各种性质的、各种用途的、在人们之间进行交换的劳动产品。任何概念都有内涵和外延，概念的内涵规定了概念的外延，概念的外延也影响着概念的内涵。一个概念的内涵越多（即一个概念所反映的事物的特性越多），那么，这个概念的外延就越小（即这个概念所指的事物的数量就越少）；反之，如果一个概念的内涵越少，那么，这个概念的外延就越大。

概念一般出现在我们的思考过程中，我们训练自己的心智，让自己越来越善于创造和使用概念，当然是让自己获得越来越强大的思考能力。但与此同时我们思考一个问题：朋友和熟人是一回事吗？聪明和狡猾是一回事吗？谦逊和卑躬屈膝是一回事吗？你看，如果分辨不清这些很相近的概念，那么我们很容易混淆一些重要的区别，弄不清楚它们真正指的是什么，这就是辨析概念的必要性。

有的概念具有多层含义，不同的情境下使用相同概念，表达的意思会有很大差别。甚至，如果在同一段思考过程里，你连续几次用到的某个概念，每次所指的东西都不一样，那么这显然就影响了思考的质量。

（二）概念的一致性

基于对概念内涵的认知，我们在审视一段思考里用到的某些关键概念时，要注意这么一个问题：我在思考过程中，论题、论证和结论里出现的概念、定义是一致的吗？

在一段思考里，如果思考者对某个概念的前后定义不一致，那么这就是偷换概念。我们在反思自己的思考质量时，批判性思维需要我们问自己这样一个问题：我清楚自己用的概念指的是什么吗？我使用的这个概念，当它每次在我的整个思考中出现的时候，指的都是同一件事吗？但这是不是就够了呢？不够。在大多数情况下，我们的思考是要用于表达、是要讲给别人听的。我们自己对某个定义可能心里有数，但是听的人却不一定和你理解的是一回事。

比如你身体不适去就医，医生建议你饮食清淡，医生可能想说的是在口味上做到清淡，但你的理解却可能是不吃肉才是清淡，所以按饮食清淡这个前提，医生认为蔬菜麻辣烫是不能吃的，你却觉得蔬菜麻辣烫可以吃。

所以，当我们在输出思考和观点的时候，如果用到一些关键概念，那么我们不能自己觉得前后一致就够了，我们还需要审视这些概念会不会误导别人。

对这些可能给别人带来误解的概念，我们可以从这几个角度把它们审视一遍：关键概念的定义准确吗？我们用到的概念是不是准确？有没有歧义？

但是，关键概念准确了，我们对同一个概念的理解可能还有偏差。偏差在哪儿？很可能在定义的清晰和精确程度上。我们对概念的定义越清晰，我们的思考就越能对抗笼统和抽象。"陕西历史博物馆在西安"这个判断肯定准确，但是不清晰，如果说"陕西历史博物馆在西安翠华路上"，后面这个判断就比前面那个判断的精确程度要高。

你开车到了某一路段，地图导航里提示你："这条路限速 60。"我们的日常知识储备就知道这个意思是开车时速超过 60 公里就会受罚，但要是提示语说，"这条路超速罚款"，那你到底应该开多慢呢？这就没有"限速 60"精确。

精确程度有时候是无止境的，比如圆周率我们可以用 3.14，也可以用 3.1415，我们还可以精确到更小的位数。所以有的人觉得概念的精不精确没那么重要，准确就可以了，但其实从信息接收者的角度来看，精确程度反映了你对一件事的审慎和郑重。甚至，你需要在思考和表达的时候留意一下，你所用概念的精确程度，是不是在流露你的真实情绪状态。

批判性思维要求我们在思考中作出定义。不论我们讲概念的准确性也好，精确性也好，其实都是在说，在思考过程中，要对关键概念达成共识。达成概念上的共识还有一个最简单的做法，那就是，你直接在思考和论证的过程里，去把一件事定义清楚。

总之，我们要特别留意思考过程用到的关键概念，要看看它是不是前后一致、是不是在立论者和接受者之间存在理解偏差，批判性思维要求我们确保关键概念的准确性和精确性要达标。

（三）概念谬误

1. 模糊性

一个概念的模糊性是指它的适用范围和边界不清楚，我们汉语中有很多词天生就具有模糊性，这既是正常的，也是我们日常需要，比如说“我出去散会儿步”，“一会儿”到底是多少，虽然是不清晰的，但却没有澄清的必要。但是，概念的模糊性会对批判性思维认证产生很大阻碍。比如我们说，充足的睡眠有助于健康，我每天都睡眠充足，所以我肯定会健康。这个认证的问题出在哪里想必大家都可以看出来，就是“充足”这个词语的界定太过于模糊，不明确，因此两件事情的相关性就不能由指导得出结论。

概念模糊的危害是，如果你不能确定词和句子的内容，那么你就无法确定它的真假范围，无法确定它和其他前提是否指同一件事，那么认证就无法建立。此外，我们也要注意，有时候概念貌似精确，但却隐含虚假或不确定的情况，这在很多商业广告宣传中很常见，需要我们提高警惕。

2. 偷换概念

在逻辑学中，偷换概念又叫偷换论题的谬误，是指在思维和论辩过程中，用一个概念去替换另一不同的概念，因而产生违反同一律要求的逻辑错误。如根据“物质是不灭的，地球是物质”，推出“地球是不灭的”结论，就犯了“偷换概念”的错误。因为“物质”这一名词在两个前提中表达不同的概念。大前提中的“物质”是哲学概念，小前提中的“物质”是物理学概念，这种错误表现在三段论里叫作四概念错误。一个人在讨论问题的时候，假如提出一些不相干的论题来转移原本的讨论焦点，那么这就犯了偷换论题的谬误，偷换了一个重要概念、句子，甚至观点的意思就会大不一样。

偷换概念主要有以下几种表现形式。

第一，偷偷改变一个概念的内涵和外延，使之变成另外一个概念。

例 1：法律规定干涉他人商业行为属于违法行为，那么，降价干涉了他人商业行为，所以降价是违法的。

分析：这里，第一个“干涉”和第二个“干涉”的意思是不同的，所以结论不成立。

例 2：凡有意杀人者都应被处死刑；某行刑者是有意杀人者，所以，某行刑者应被处死刑。

分析：例子中“有意杀人者”两次出现，但其意义是不同的。第一次指“以身试法，故意杀人”；第二次指“依照法律，奉命处死犯人”。此论证在不同意义上使用这一语词，并以此为论据证明“某行刑者应被处死刑”的论断。

我们来看一个案例：

某人早餐先要了份包子，没动筷子，让店主换了个油条和豆浆，吃完不付钱就要走。店主要他付钱，他问要付什么钱，店主说油条和豆浆的钱，他说我是拿包子换的，店主就说那你付包子的钱，他说包子我又没吃。说完扬长而去，店主愣在那里，一时回不过神来。

我们来分析一下吃早餐的人偷换概念的错误。没吃的包子有两种概念：一是已付钱的包子；二是未付钱的包子。顾客把“未付钱的包子”偷换为“已付钱的包子”，从而用包子换成了油条和豆浆。这时，未付钱的包子虽然没吃，但你借用了，应该还，不能还，就付包子的钱。

第二，混淆集合概念与非集合概念。

集合概念反映的是一类事物的整体属性，而非集合概念所反映的是某一类事物中的某个元素的属性。

例 1：鲁迅的著作不是一天能读完的，《狂人日记》是鲁迅的著作，因此，《狂人日记》不是一天能读完的。这里前一个“鲁迅的著作”是集合概念，后一个是非集合概念，这样推理就犯了混淆或偷换概念的错误。

例 2：克鲁特是德国家喻户晓的“明星”北极熊，北极熊是名副其实的北极霸主，因此，克鲁特是名副其实的北极霸主。

分析：上述论证存在偷换概念谬误，第一个“北极熊”是非集合概念，第二个“北极熊”是集合概念。

第三，利用多义词混淆不同的概念。

例 1：所有黄牛头上都有角，张三是黄牛，所以张三头上有角。

分析：“黄牛”可以指作为动物的黄牛，也可以指“票贩子”。

例 2：孔子说“君子寓于义，小人寓于利”。张三个子很小，便是小人，所以张三只懂得讲利害。

分析：孔子说的“小人”是指不道德的人，而张三是“小人”，指的是个子小，不是同一概念。

例 3：有一道小学生的考题：“以‘难过’造一句。”

一学生造的句子是：“我们家门前的大水沟很难过。”

分析：题中“难过”应是指感情上难过，学生将其偷换为“难以迈过”。

第四，将似是而非的两个概念混为一谈，即抓住概念之间的某种联系或表面的相似点，抹杀不同概念之间的根本区别。

例如：我国正常婴儿在 3 个月时的平均体重为 5～6 公斤。因此，如果一个 3 个月的婴儿的体重只有 4 公斤，则说明其间他（她）的体重增长低于平均水平。

分析：上述论证混淆了“平均体重增长”与“平均体重”这两个概念。如果上述婴儿出生时的体重低于平均水平，则其间他（她）的体重增长不一定低于平均水平。

3. 抽象概念

抽象概念在传统逻辑中与“具体概念”相对，指反映对象的属性的概念，即它不是以对象本身，而是以从各个对象中抽取出某种属性作为独立的思考对象，如“勇敢”“正义”“大于”“相等”等。

抽象空洞便无法做到实证，你可能会这样评价自己：工作努力，具有团队精神，善于沟通，学习能力强，积极主动，适应能力强等。但这些抽象的语词并不会给你加分，稍有经验的人就会看出空洞的实质。因为，没有实际、具体的内容和证据不能算好的论证。

我们经常看一些文章，到处可见一些词语，如很生动、有特色，但具体指什么，下文并没有指出。抽象的语词常常成为套话，它可以在所有地方都适用，也就是都不适用。只会说套话的，多半没有真才实学。比如问一个运动员如何提高运动水平，专家说：“只要他提高足球意识，就能成为优秀的足球运动员。”再问为什么中国足球这么糟糕，出路何在，专家说：“中国足球成绩不好的原因非常多，但只要遵循足球发展的客观规律，耐心发展足球运动，中国足球崛起是迟早的事情。”这些套话就是空洞。

空洞也来自同义反复。比如报纸针对“怎样做到受观众欢迎？”这一问题这样回答：“只要创作、演绎出优秀的、人民群众喜爱的作品，自然会受到人民群众发自内心的喜爱。”如果你想知道如何得到“人民群众发自内心的喜爱”，这个回答就是重复你的问题，没有提供任何信息。

还有一种回答是把全部可能性都包括了，也就是丧失了信息量。比如美国总统特朗普回答媒体关于“何时打击叙利亚”的问题：“可能很快，也可能不会很快。”他两种可能性都说了，但到底是哪一种？你还是一无所知。这种模糊回答也就是空洞。空洞的概念无法提供明确的信息，从而也无益于我们接下来的思考。

案例探讨：你在生活或学习中，有没有因为概念定义不一致而被误导过？请与你的同学进行探讨并举例说明。

二、探求真实信息

（一）探求真实信息的内涵

在当今信息大爆炸时代，我们可以通过多种途径获得丰富的信息，但我们获得的信息就一定是真实的吗？当然不是，信息的真实性越来越难以确保。现在看新闻，经常会发现出现剧情反转，而且还不止反转一次。为什么这种情况越来越常见呢？有很多新闻事件，普通人也没有额外的信息，这种情况下怎样运用批判性思维来判断真相呢？

首先，信息本身还不完整；其次，信息提供者本身就自带倾向；最后信息提供者不止一方。这三个因素体现了社会的信息供应方式在进化，它开始把不同阶段、不同角度的信息片段都展示给你看。以前没有互联网，或者没普及互联网的时候，信息渠道有限，所以，当你看到一则新闻的时候，通常事情已经尘埃落定，事情已经在信息渠道那边完成了定性。换句话说，信息渠道拿走了“定义事实的权力”。

而互联网技术能够让我们更快地获取到信息，等于是把一则新闻从发生、到传播、再到被定性的过程，不断地摊开给你看，很多消息还没被确认、没被过滤就变成了你的信息，批判性思维的必要性在这里体现出来了，正是因为我们拥有了更丰富的信息获取渠道，能看到不同阶段、不同维度的信息片段，因此我们有更多的机会去做出自己理性的、反思的独立判断。思考和论证必须建立在真实和全面的证据上，实证要立足经验和实践。

作为观众的我们永远看不到镜头，眼见未必为实。需要反思的是，我们是否已经习惯了媒体操纵我们的观点？兼听则明，完全偏信某一种媒体、某一个媒体、某一时的媒体，就有可能看不到真相。

如图 2-5 所示，大家看到了什么？

图 2-5　这不是一支烟斗

1929 年，比利时超现实主义画家勒内·马格里特（Rene′ Magritte）画了这幅画，图中是一个大烟斗，但画面下方则写了一行法文："这不是一只烟斗。"为什么呢？这实在是一个令人困惑的判断，画面上明明画了一只烟斗，可是画家又用文字否定了再现的形象，其实，他想表现的是：烟斗的形象符号绝不是烟斗本身，从这种角度来看，的确"这不是一只烟斗"，我们自己赋予图像以意义，我们称这个图像为烟斗，但事实的重现并不等于事实本身。

另外，人的感官是有局限的，比如人的眼睛看不到红外线，但我们并不能由此得出结论，说我们对红外线不可知，可见人的感官的局限性构成了人的认识能力的限制，因此，媒体呈现给我们的事物也是具有局限性的，不一定是真实的、全面的，别人会让我们看到他们希望我们看到的东西，我们每天从网络中获取大量信息，这些信息影响着我们对世界的认知。人们在处理信息时，都会按照眼睛看到的、耳朵听到的、亲身遭遇的和心里臆测的这几个原则筛选和取舍，继而慢慢形成自己收集信息的渠道和方式。例如一个足球迷，基本会一直选择关注体育媒体，体育媒体也基本会影响和塑造他眼前的这个世界。

那么，我们只能就这样活在一个不真实的世界里吗？不，我们追求真实、认识这个世界的最终目的，是为我们有限的生命服务，为我们每天的生活服务，是为了让生活更美好、更快乐、更幸福。

我们生活在由信息构成的世界，无时无刻不受信息的影响。网络上丰富的信息未必是更多的积极的信息，而是给了我们更多选择和撷取的机会。如果我们具备批判性思维能力，就知道如何理性地筛选信息、选择信息源和信息解读方式，而不是人云亦云、偏听偏信，就能够以包容、理解的心态去面对纷繁复杂的万千事物。

（二）培养求真的品质

现今社会虚假现象触目惊心，如果我们稍加关注新闻就会看到，从科研数据作假到论文买卖，各行各业都存在舞弊现象。科学网 2018 年报道，过去十年里，IEEE（国际电气和电子工程师协会）一共撤回了 7000 多篇自己主办会议的论文及论文摘要，“而这些被撤稿件的作者几乎全部来自中国”，大批耗费国家资金但价值无几的劣作，企图借会议论文审查不严之机，进入收录检索之列，从而充作发表的论文。（源于观察者网）

我们要具备鉴别真实信息的能力。辨别真伪的基本原则包括：

第一，追求和验证原始证据。我们要尽可能去追求原始数据，查原文是重要途径，对一手信息和材料也要持批判的态度，辨别它是否可靠。

第二，寻求多方面独立来源来验证证据。一个人的经验或观点是片面的，多人可进行验证补充。

第三，追求公正性。面对相同一件事，每个人都会有利益、情感、成见的影响，摒除主观的偏见就会有公正性，公正性会让我们看到事物本来的面目。

另外，考察信息的来源也是鉴别真实信息重要的维度。在之前的介绍中，我们说过现今大部分信息都是经传播而来的，我们无法从直接经验一一验证，所以我们要通过证据来源的品质进行判断：证据的来源是否可以核实？证据的来源可靠吗？证据来源是如何获取证据的？来源有偏向的可能吗？来源的专业能力如何？等等。

最后，我们还需要考量信息本身的质量。考虑的维度包括：信息和考虑的问题相关性如何？信息的质量如何？记录是否细致、准确、完整？信息客观吗？全面吗？与其他观察、常识和知识一致吗？信息记录的时间性如何？评估信息一般是对来源和报告质量的考察的结合，最常用的指标包括信息的完整性、全面性、客观性、具体性和时间性等。

（三）训练求真思维

经济学家周其仁说，我们很多“知识”是不那么靠得住的，比如很多人讲的所谓秘闻，这些秘闻往往无法查证，因此难辨真假。“我自己对没有查证的知识兴趣不大，横竖人家怎么说都可以。”我们可以努力让无从查证的东西难以轻易进入自己的头脑。周其仁说：“养成一个习惯，所有知识，书上来的也罢，教授讲的也罢，只要记忆好，可以尽收眼底，但把哪个当真，要讲究讲究，查证不了的东西别听了读了就当真，尤其别作为下一个知识的支撑点。宁愿知道自己无知。天下好多知识其实靠不住。”

周其仁教授的警醒之语，尤其适合社交网络时代。过去还有传统的编辑为真实性负责，今天信息大爆炸，在社交网络上，未经查证的内容和信息实在过多。腾讯联合创始人张志东此前说过，他认为原因之一是：很多社交网络的用户都是互联网的新用户，从论坛、博客一步一步过来的互联网“老鸟”可能还有网络信息辨识能力，但新的互联网用户还是以看报纸、杂志的态度来读朋友圈和微博上的内容。

周其仁说，这种求真的思维方式，可以通过找教练帮忙训练的方式来培养。选教练时，“别选看起来友善的，客客气气的，那是选路人，不是选教练。而要找那种严格的，课堂上你讲一句他驳一句，每个步骤都不放过，直到养成习惯，没推敲过的东西不能随便出口”。

他回忆自己1990年到芝加哥大学经济系访问时的经历，在芝加哥大学，开学之前，每个同学就打听好了其他同学的特长，然后迅速结成学习小组，在小组内讨论问题、脑力激荡。然后，每周都有大牌教授的工作坊，在工作坊里，大家讨论问题，“百无禁忌、没大没小，问题直截了当，用语不够礼貌。当你面对‘攻击’，教授会喊：‘Defence！Defence！’攻攻守守，思路就打开了”。其实问题就是，我们在真正重要的问题上往往太客气了，不愿意为难别人，也不愿意别人来为难自己，于是就缺乏辩论，辩论是进行批判性思考的最佳途径，辩论指引我们去求真。

布鲁斯·N.沃勒（Bruce N. Waller）在他的《优雅的辩论》中提出辩论有六个方面：

（1）认真倾听至关重要。

（2）不要随意贴标签。

（3）拒绝稻草人谬误（论证过程中逻辑结构错误之外的错误），不要曲解、夸大或歪曲对方论点或立场。

（4）避免人身攻击。

（5）警惕折中的解决方案。

（6）寻找对立观点中积极的一面。

首先，我们要分清事实与观点的区别，这其实也是批判性思维的基础，尤其切记不要把自己的观点误认为事实。其次，辩论是对问题形成判断和思考，不是去寻找问题的解决方法，而是要冷静，需要排除相关的情绪，才能避免自己成为偏见的附庸。另外，我们在世上的生存，往往需要的不是知识，而是洞见。洞见会帮你找到问题和辩论的根源，然后运用洞见分析直接解决还是曲线解决甚或不解决，因为时间往往也是解决方法。最后，辩论时不妨考虑一下价值多元，并且试图理解和欣赏对立的观点，使讨论变得诚恳，这种态度可能给你加分，甚至改变对方。最后这一点涉及批判性思维为什么强调表达观点？也就是将你的批判性思考的收益进行扩大化，在这一点上，体现了批判性思维既是一种技能，同时也是一种品德的特质。

第七节　隐含假设与推理谬误

假设与推理是思维八要素中至关重要的两个要素，可以说假设与推理的质量直接决定了我们思维的质量。本节将重点对假设的挖掘、推理的标准以及生活中常见的推理谬误进行讲解，以期能够帮助我们更好地对自身的思维进行反思。

一、隐含假设的定义

隐含假设的挖掘与识别对于我们形成批判性思维有着举足轻重的作用，我们可以说要想准确地接收一则信息或一条论证所传达的含义并对其真伪性进行辨别，评估其隐含假设是不可或缺的一项工作。美国著名数学家埃里克·坦普尔·贝尔（Eric Temple Bell）曾说过："欧几里得教导我没有假设就没有证明，所以，在任何论证里，审查假设。"

在本章第四节中，我们提到假设是我们认为理所当然是推理前提的信息。它通常是指我们先前学习过并不会质疑的知识内容，是我们信念体系的一部分。在概念中，无论是"假设"还是其所属的"信念体系"，我们都可将其统称为论证背景或论证的隐含基础。依照董毓先生在其《批判性思维原理和方法——走向新认知和实践》中的表述，论证的隐含基础包括论证的条件、假定、信息、观念与知识。这些要素可能不在论证中明确地出现，但却对论证的稳定性起着支撑作用。因此，我们将这些论证需要但却未明确在论证中表述出来的要素统称为隐含假设。董毓先生将隐含假设定义为：隐含假设是论证者相信为真，并认为大家也接受的立场、信念、知识等，它们是"共同前提"，是论证者和读者可以相互理解、论证可以进行的共同基础。

二、隐含假设的类型与挖掘

（一）隐含假设的类型

当信息提供者在向我们传递信息时，总是会努力提供与其立场相一致的理由来支撑其论点。因此每一个论证在初看之下都显得言之有理。但作为一名具备批判性思考能力的人，我们需要对每一个论证的真伪进行仔细的评估，挖掘论证中隐含的假设便是其中的一种评估方法。要想高效、准确地对隐含假设进行挖掘，我们首先应当清楚隐含假设的类型。在不同的论证中，我们会发现形形色色的隐含假设。对于这些各式各样的隐含假设，不同的学者依据不同的标准对其进行了分类，譬如董毓先生在《批判性思维原理与方法——走向新的认知与实践》中依据隐含假设在论证中的不同作用将隐含假设分为预设假定（presuppositions）、隐含前提（suppressed premises）、支撑假设（underlying assumptions）与含义（implication）。

在本书中，我们将采用尼尔·布朗（Neil Browne）对于隐含假设的分类方法，依照隐含假设的内容将其分为两类，一类为价值观假设（value assumption），另一类为描述性假设（descriptive assumption）。接下来我们将对这两种假设进行具体的介绍。

1. 价值观假设

价值观假设是一种想当然的看法，认为某些相互对立的价值观中的一个比另一个更重要，是指对这个世界应该是什么样的信念。在我们的生活中，由于获得的直接经验不同、他人对我们所造成的影响不同以及每个人的推理方式的不同，因此我们有着不同的心智模式，形成了自己独有的价值观。在每个人独有的价值观体系中，有一些价值观是大多数人所共同拥有的，如尊老爱幼、追求公平等，但有一些价值观是个人所独有的。这些为个人所独有的价值观在有些时候会产生冲突，如并不是每个人都能够认同待人诚实这一价值观。尼尔·布朗（Neil Browne）在其著述中提到，一个人对特定价值观的偏好常常不会明说，但是这个价值取向一定会对他的结论产生重大的影响，同时也会影响他捍卫这一结论的方式。正因为我们的价值观会产生冲突或发生抵触，挖掘并评估论证中的价值观假设才更为必要。

2. 描述性假设

描述性假设是指对这个世界的过去、现在或者未来是什么样子的信念。我们知道，当我们面对一个论证时，仅凭被明确表述出来的论据往往不能够必然地推导出结论。这时，如果我们想要建立论据与论点之间的直接联系就必须通过其他特定的、未明确表达出的想法对其进行补充。这些未明确表达出的想法便是隐含的假设，当这些隐含的假设是一个关于事情是什么样的陈述时，我们便说这个假设是描述性的假设。

在这里我们需要注意的一点是，价值观假设是一个关于事情应该是什么样的陈述，它代表了信息发出者的希冀与愿望，而描述性假设则代表了信息发出者对于事物的认知。

3. 隐含假设类型辨析

如何辨别一个隐含假设是价值观假设还是描述性假设？让我们一起通过下面这个案例来学习。

案例分析：请对以下两个简短的论证进行分析，找出其中的隐含假设并指出哪一个为价值观假设，哪一个为描述性假设。

论证一：日本核废水不应当被排放至海洋中，核废水会对太平洋的海洋环境以及太平洋沿岸的居民健康造成威胁。

论证二：日本核废水应当被排放至海洋当中，核废水的排放会减轻日本政府的负担并且从理论上来说核废水已经达到排放标准。

论证三：这种型号的车我在各种各样的地形都驾驶过，不管你的目的地在哪里，这辆车肯定会将你送至目的地。

接下来让我们对这三个论证一一进行分析。首先我们将论证的结构进行拆分，被拆分后的论证结构表现为以下形式：

论证一　论据：核废水的排放会对太平洋的海洋环境与沿岸居民健康造成威胁。

论点：日本不应当向海洋排放核废水。

论证二　论据 1：核废水的排放会减轻日本政府的负担。

论据 2：从理论上来说核废水已经达到排放标准。

论点：日本应当向海洋排放核废水。

论证三　论据：这种型号的汽车在各种地形上性能表现都不错。

论点：这种型号的车肯定能将你送至目的地。

将论证进行了如上拆分之后，我们来分别对以上三个论证的隐含假设进行挖掘。通过论证的拆分，我们会发现无论是哪一个论证，依照其论据都不能必然地推出论点，要想建立论据与论点之间的直接联系，我们需要对其中隐含的论据进行补充。当我们对论证一进行分析时会发现要想从论据推出论点，就必须对海洋环境与沿岸居民健康的重要性进行界定，因此，该论证中包含的隐含假设为“我们应当首先保证太平洋的海洋环境与沿岸居民的健康”；当我们对论证二进行分析时会发现要想使论据与论点直接相关，我们需要补充的隐含假设为“减轻日本政府的负担是比其他事情更为重要的事”以及“只要在理论上核废水达到排放标准就能够将其排放至大海”；运用同样的方法，我们可以得出论证三中的隐含假设为“年复一年，某型号汽车的质量始终如一”以及“将要购买这辆车的人的驾驶水平与驾驶经验与论证构建者的驾驶水平、驾驶经验具备一致性”。

现在，让我们将以上论证的隐含假设全部罗列出来以便我们对其进行分类：

隐含假设 1：我们应当首先保证太平洋的海洋环境与沿岸居民的健康。

隐含假设 2：减轻日本政府的负担是比其他事情更为重要的事。

隐含假设 3：只要在理论上核废水达到排放标准就能够将其排放至大海。

隐含假设 4：年复一年，某型号汽车的质量始终如一。

隐含假设 5：将要购买这辆车的人的驾驶水平与驾驶经验与论证构建者的驾驶水平、驾驶经验具备一致性。

通过价值观假设与描述性假设的概念，我们已经清楚地了解到价值观假设是对事情应该是什么样子的判断，而描述性假设是对事情是什么样的描述。

基于概念，我们可以看出上述隐含假设 1、隐含假设 2 以及隐含假设 3 都属于价值观假设，它们都是论证者对这个世界应该是什么样子或者应该是以何种形式运作的陈述。在隐含假设 1 中，论证者的价值观是将海洋环境与沿岸居民的健康放在首要位置的，其他事情的优先等级都不应该高于这两件事情；而在隐含假设 2 中，论证者的价值观与隐含假设 1 中作者的价值观形成了对比，论证者认为日本政府的利益应当高于其他一切事情，包括海洋生态环境与沿岸居民的健康；在隐含假设 3 中，论证者的价值观为任何事情只要是在理论上达到标准就可以或应当实施。

隐含假设 4 与隐含假设 5 都属于描述性假设，它们都是论证者关于世界过去、现在和将来是什么样而没有明说的认知。在我们分析隐含假设 5 时需要特别注意，该假设主要围绕着“驾驶水平”与“驾驶经验”这两个概念而生成。该假设的成立取决于买车人与论证者对“驾驶水平”与“驾驶经验”的理解具备同一性，即买车人与论证者的驾驶水平应当等同，驾驶习惯或驾车常去的环境也应当大致相同。这种围绕着概念而产生的隐含假设，我们称之为定义性的假设（definitional assumption）。定义性的假设属于描述性假设中的一种。

（二）隐含假设的挖掘

我们每一次在进行决策时都会不自觉地基于一定的假设进行推论。可以毫不夸张地说假设与推论充斥在我们生活的方方面面。对于有些人来说，在做一项决定时，假设的生成与推论的形成都是在潜意识当中进行的。因为未能对假设进行挖掘、对推论进行审查，该类型的人群做出的决定往往是缺乏理性的。他们做出推理所依托的假设是否具备合理性是不确定的，他们的推理过程是否具备有效性也是随机的。因此这类人群所做的决定正确与否是具备或然性的。

通过前面章节的学习，我们已经了解到批判性思维就是帮助我们实现理性从而做出正确的决策。实现理性一个重要的途径便是对我们推理背后隐含的假设进行挖掘，增强我们对自身思维的控制力。理查德·保罗先生在《批判性思维工具》一书中提出："人类所有的思维本质上都是推论性质的，对思维的控制力也就依赖于对思维中推论及假设的控制能力。"因此，我们需要通过大量、长期的训练来识别、挖掘推论背后的隐含假设以求实现理性。

对于如何挖掘隐含假设，不同的学者有不同的观点。纵观这些不同的方法，我们大致上可以将其分为两类：一类是以逻辑学技巧为基础的挖掘法，另一类是以理解文段为基础的挖掘法。接下来我们将分别对这两种挖掘方法进行介绍。

1. *以逻辑学技巧为基础的挖掘法*

以逻辑学技巧为基础的挖掘法强调在挖掘隐含假设的过程中充分运用逻辑学相关技巧，通过对不同类型论证进行分析、考察隐含假设是否能够使论证具备有效性等方法对隐含假设进行识别与评估。董毓先生在其《批判性思维原理与方法——走向新的认知与实践》一书中将挖掘隐含假设的工作从逻辑上分为了寻找与评价两个部分。董毓先生认为从逻辑出发，在对隐含假设进行寻找与评价时应当遵循以下两个步骤：

- 补充：确定论证中前提和结论之间的关系与缺口，寻找线索；发现或建造连接这样关系的保证，即隐含前提以及它们的支撑假设。
- 评估隐含前提与支撑假设：是否足够使论证有效（演绎）或合理（归

纳)？是否有关、有内容、可信？是否有别的更加可信的假设或前提？这个论证是否能被可信的隐含假设修补为完善的或者合理的？

2. 以理解文段为基础的挖掘法

以理解文段为基础的挖掘法强调从总体上把握文段的含义，在此基础上以转换立场为核心方法对文段中的隐含假设进行挖掘。《学会提问》一书的作者尼尔·布朗（Neil Browne）提出了针对不同类型隐含假设，我们可以利用不同的方法对其进行挖掘。具体操作方法如下：

首先，对于如何挖掘价值观假设，尼尔·布朗认为我们需要通过特定的步骤来对其进行挖掘与识别。这些步骤包含：

- 调查作者的背景。
- 思考为什么作者的立场产生的后果对他而言显得那样重要。
- 寻找类似的社会争论，看看同类的价值观假设。
- 使用反串的方法。采取与作者相反的立场，看看哪些价值观对这一相反立场显得格外重要。
- 找一找与其相关的常见的价值观冲突。

其次，对于描述性假设而言，我们可以遵循以下几点对其进行挖掘与识别。

- 不断思考结论与理由之间存在的鸿沟。
- 寻找支撑理由的那些没有明说的想法。
- 使自己站在作者或演说者的立场上。
- 使自己站在反对者的立场上。
- 避免将不完全成立的理由当成假设。

在选择挖掘隐含假设方法的过程中，我们需要特别注意的是，以逻辑学技巧为基础的挖掘法与以理解文段为基础的发掘法之间并无优劣之分。我们需要根据具体情况来选择采用何种挖掘方法，甚至有时我们可以将两种挖掘方法融合在一起使用。

另外需要我们格外注意的一点是当我们在对隐含假设进行挖掘时，一定要秉承宽容原则来考虑论证者的原意。宽容原则是指尽最大的可能去准确理解论证者的意图，不对其意图进行刻意的歪曲。宽容原则是一个理性的批判性思考者应当熟知的原则，它贯穿了批判性思考的整个过程。董毓先生认为，在使用宽容原则对隐含论证进行挖掘时具体包含以下两点。第一，加上的隐含前提是论证者要加上的，或者至少是可以接受、可以承认的。在找到不止一个可能的隐含前提时，符合原意是选择隐含前提的第一考虑。第二，在不能确定作者原意的情况下，以及在找到不止一个隐含前提，但不清楚作者会用哪一个时，我们应当假定作者具备正常的智力，会运用我们看起来合理的前提。让我们通过一个有趣的案例来看一看如何在日常生活中对宽容原则进行运用。在赵本山与宋丹丹表演的小品《老伴》当中有这样一段有趣的对话：

赵：我稀里糊涂就跟人下场了，刚扭两步过来三个老头要揍我。

宋：为啥呢？

赵：说我跟人那老太太飞眼了。

宋：你说你也不认识人家老太太你跟人飞啥眼呀？

赵：不可能，扭大秧歌那上来劲我就做俩动作（扭了一段）这算飞眼吗？

宋：这还不算飞眼？你眼睛再大点眼珠子都快飞出来了。

赵：哎哟。

宋：你呀，你指定是瞅着人家老太太长得漂亮，是吧？

赵：拉倒吧，漂亮我挨顿揍还值，还漂亮？

宋：嗯？

赵：那老太太长的比你还难看呢；啊，不是，我说她没有你难看；你呀，比她难看。

赵本山所扮演的大爷说出的最后一句话使宋丹丹扮演的大妈十分恼火，但究其根本原因却是宋丹丹扮演的大妈与观众们在理解这段话时未能够遵循宽容原则。我们在这里试着将赵本山最后的话完整的论证进行还原：

论据：老太太长得比你难看。

论点：我不会和她抛媚眼儿。

现在让我们将论证当中的隐含假设挖掘出来并对其进行评估。在这段论证过程中所包含的隐含假设不仅仅为一个，它们是“老太太长得难看”“你长得难看”“如果一个人长得难看我就不会和她去打招呼”。那么如果我们遵循宽容原则，将赵本山扮演的大爷视作一个智商、情商皆健全的人，那么我们便会发现，该论证的隐含假设不应当包含“你长得难看”这一条。之所以我们愿意将这条隐含假设认定为真，是因为相信其为真，能够产生我们所需要的喜剧效果，但喜剧效果并非是我们挖掘与验证隐含假设所需要考量的因素。

三、挖掘隐含假设的必要性

在大多数的时间里我们并不会有意识地对决策的隐含假设进行挖掘，甚至对于大多数的人来说，挖掘与评估隐含假设的能力是十分匮乏的。隐含假设的挖掘之于论证的构建、论证的评估以及批判性思维的形成具有非常重要的意义，其对于我们的影响主要体现在以下几点。

（一）对于隐含假设的挖掘有助于我们深入地理解与评估论证

对于论证的分析与评估工作而言，挖掘隐含假设是保证这项工作顺利进行的重要步骤。隐含假设的挖掘能够帮助我们对论证进行重构与完善，从而让我们能够更深入地对论证的背景、论证的逻辑性以及论证提出者的价值观进行分析与评估，进而对论证的有效性或合理性进行判断。正如董毓先生所说，对隐含假设深入细致的发掘与分析使我们的认识达到了新的层次。善于考察隐含假设是一个有素养的研究者应当具备的能力之一。

（二）对于隐含假设的挖掘有助于我们对自我的行为进行校正

在生活中，我们每一个人都在不断地做出假设。一些假设与我们身边的朋友、亲人，甚至是陌生人相关，有些假设与社会的运行机制相关，有些假设与我们对于世界的认知相关。各种各样的假设构成了我们对于他人的判断、世界的认知，甚至对我们应当如何在特定的背景下做出决策提供依据。对于这些假设，大多数是在我们无意识的情况下做出的。在这些大大小小的假设当中，真实与虚假相互交织，如果不加判断地对所有假设全盘接纳，那么我们会因一些错误的假设而做出错误的抉择。对隐含假设进行挖掘能够帮助我们将无意识层面的思维提升到意识层面，帮助我们对每一个决策或每一次的行为进行反思。我们能够通过评估隐含假设的合理性对自身的思维进行校正与完善。

（三）对于隐含假设的挖掘能够保证我们实现客观与理性

在大多数情况下，我们对于自身决策过程中的隐含假设是不自知的，因为我们所依赖的隐含假设受到每个人的心智模式的制约。在前面章节当中，我们已经知道了心智模式是由他人对我们的影响、我们自身的经验以及我们自身的推理能力所决定的。由于自我中心主义的思维误区，人们往往很难跳脱出固有的心智模式去对自己的思维进行审查，因而我们总是对隐含假设的重要性有意或无意地进行忽略，甚至默认我们所依赖的所有隐含假设都具备合理性。在此情况下，学习挖掘与评估隐含假设能够帮助我们跳脱出自我中心主义的思维误区。通过挖掘与评估隐含假设帮助我们对自己的思维进行反思与审查、发现其中不合理之处并对其加以校正，从而实现理性与客观，成为一名优秀的批判性思考者。

四、推理的标准

在本章第二节批判性思维之理性当中，我们了解到了理性就是构建好的论证、讲道理。要想建立一个好的论证，构建有效的推理形式是必不可少的一环。在生活中，无论我们是否能够意识到，推理都出现在每个人的每项决策当中。美国投资家沃伦·巴菲特（Warren Buffett）说过这样一句话："你的正确来自你的事实对和你的推理对——这是唯一使你正确的原因。如果你的事实对和推理对，你没有必要担心别人的看法。"因此，我们可以说理性的实现很大程度上取决于推理的正确性。那么我们应当如何分辨推理的正确性？我们又应当如何对一个推理做出评价呢？在接下来的内容中，我们将对推理的两大标准进行论述。希望通过对标准的明晰，能够帮助我们更好地对推理进行评价。

（一）相关性

相关性是指在我们构建论证或评估论证时，需要注意论证的前提与论证的结论必须是相关的。相关性说的是一个前提是否有资格作为结论的支撑条件，因此，前提是否相关是基于结论来判断的。当一个前提能够证明结论为真时，我们说该前提与结论具备相关性。反之，我们则说前提与结论不具备相关性。譬如，当有人在超市里行窃时，有人会说："看他长得那副样子就不像是个好人。"在这段论证里面，结论是窃贼不是一个好人，论点为窃贼长得样子不合论证构建者的眼缘。很明显，在该论证中，前提与结论是不具备相关性的，因为长得好坏与否与其人品好坏并无必然的联系。

在进行相关性的评估时，我们需要特别注意，这里的相关性并非是绝对相关而是相对相关。《批判性思维原理及方法——走向新的认知与实践》一书中强调相对于目的与解释而言，相关性的判定是相对的。我们需要根据实际的语境、对象、目的来确定。

（二）充分性

在本章第四节批判性思维之思维八要素当中，我们将推理的类型分为了三种，分别是演绎推理、归纳推理以及类比推理。对于不同类型的推理来说，充分性有着不同的含义。

首先，对于演绎推理来说，推理的充分性意味着演绎推理的有效性。演绎推理的特征是从一般到个别的推理，"所有的人都会死，苏格拉底是人，所以苏格拉底是会死的"是我们在谈及演绎推理时会用到的经典例子。我们可以看出在演绎推理当中，如果前提为真那么结论必然为真。因此，对于演绎推理来说，充分性意味着前提真必然导致结论真。

其次，对于归纳推理来说，归纳推理的充分性意味着结论发生的高概率。“我们班的张某喜欢猫，李某喜欢猫，……，因此我们班所有的同学都喜欢猫”是一个典型的归纳推理。我们可以看出，与演绎推理不同，归纳推理并不必然保证结果为真，它强调的只是一个概率问题。因此，如果在一个归纳推理当中，前提使结论真的可能性高，我们就说该归纳推理是具备充分性的。在学术上我们认为类比推理也属于归纳推理的一种，因此类比推理的充分性判定同样可以依据归纳推理充分性的判断原则。

最后，在演绎推理与归纳推理之外，我们还会遇到其他不同类型的推理，如回溯推理、诱导推理、实践推理等。这些推理的共同特征都是不具备演绎推理的必然性，有学者将这些推理也统称为归纳推理。对于这些推理的充分性的判定，董毓先生认为必须使其达到“最佳”。“最佳”是指在构建推理的过程当中，我们必须使用最合理的论据来支撑我们的结论，力求做到考虑到一切可能性。需要注意的是，当在运用最佳原则构建具备充分性的推理时，我们需要意识到这里的“最佳”是相对的。其最佳的程度会随着推理构建背景的不同而变化。

五、推理谬误

通过上面的学习，我们知道了判断合格推理的两大标准为相关性与充分性。在生活中，我们中的有些人由于对推理标准不太熟悉，往往会在构建论证或形成推理的过程中踏入思维的误区；而有另外一些人，他们会利用我们对于推理标准的生疏，故意设置思维上的圈套帮助其进行诡辩或诱导我们犯下错误。无论是思维上的误区还是圈套，我们在这里将其统称为推理谬误。接下来，让我们一起看看生活中经常会出现在我们身边的推理谬误，并对它们的运作方法一探究竟。因篇幅所限，本节无法将生活中所有的推理谬误一一罗列，在这里我们只对一些经常出现以及具备代表性的谬误进行说明与讲解，它们分别是：诉诸人身的谬误（the ad hominem fallacy）、稻草人谬误（straw man fallacy）以及虚假的两难境地（false dilemma）。

（一）推理谬误之一：诉诸人身

诉诸人身的谬误是指把提出某断言的主体的特征与该断言本身的正确性相混淆。我们在这里将“断言”做广义上的理解，包含信念、观点、立场、论证和建议等。诉诸人身的谬误是我们在生活中最常也是最容易踏入的思维误区，该推理谬误主要表现为两种形式：因人废言与因人纳言。

1. 因人废言

因人废言型诉诸人身的思维谬误是指将某人的某些不良品质与其论证的真伪性混为一谈，评估某人论证的真伪性时，主要将其不良品质作为评判依据。如“李四是一个十分暴力的人，因此我们不会相信他提出的理财建议”。在这段论述当中，评估者将李四暴力的性格特征作为判断是否采纳其理财建议的依据。我们可以非常容易地看出李四暴力的性格特征与其理财能力并无关系，因此在这段论证中，论证者踏入了因人废言的思维误区。

2. 因人纳言

因人纳言的思维谬误与因人废言的思维谬误正好相反，因人纳言的思维谬误是指将一个人的积极评价直接转移到他的观点上，在评价其观点时只将其积极评价作为参考依据而不去客观地对论证的真伪性进行评价。“情人眼里出西施”“爱屋及乌”等俗语都体现了因人纳言的思维误区。在因人纳言的思维误区中，诉诸权威是最为典型的代表。“钟南山都说啦，学医学好找工作！”“人民日报登啦，今年急缺金融人才！”相信类似的言论我们都不陌生，这种言论的特点是为权威是从，仅仅将观点提出者的权威性作为评判论证的依据，无法提供更为充足的论据对论题进行支撑。

我们可以看出，无论是因人废言的思维误区还是因人纳言的思维误区，它们的共同点都是将观点提出者的特质与论证的真伪进行了混淆。从更深层次进行剖析会发现：当我们踏入诉诸人身的思维谬误时，我们提供的论据与论点并不相关，这违反了论证原则的第一条。换言之，当陷入诉诸人身的思维误区时，我们为结论所提供的前提并不具备支撑论点的资格。

（二）推理谬误之二：稻草人谬误

稻草人谬误是指为反驳对方的立场，而歪曲、夸大或曲解其语义，使得被攻击的不是对方真实的立场，而是更容易被批判或拒绝的立场。在生活中，由于自我中心主义的局限性，相比客观、理性地对信息传递者的意图进行分析，我们在接收信息时总是会按照自己的想法去诠释信息，从而使这些信息能够为我们自己的结论提供强有力的支撑。在我们从自我的角度对信息进行解释时，便是在构建一个虚拟的稻草人。曲解与刻意歪曲信息使该稻草人更容易被攻击、更容易支撑我们理想中的结论。

假如妻子在丈夫加班回家后质问丈夫为何回来得如此晚，丈夫回答：“我需要处理一些工作。”妻子继续责问说：“如果你那么喜爱工作就不要回家了，可以天天去加班。”这时我们便可以说妻子踏入了稻草人谬误的思维误区。妻子与丈夫在进行沟通的过程中，并未能做到客观、理性地理解丈夫所说的话，并且将丈夫所说的话进行了错误的引申与歪曲，将“需要工作”等同于“喜爱工作不爱回家”。

从上面的案例我们可以了解到，稻草人谬误产生的根本原因在于信息接收者未能够准确地、不带个人情感地理解信息传达者所传递的信息。因此，要想避免踏入稻草人谬误的思维误区，我们要时刻谨记宽容原则，即最大限度地站在信息传递者的角度上理解信息。

案例分析：2005 年，美国保守政治团体 USA NEXT 利用广告攻击美国退休人员协会（AARP）。广告显示 AARP 支持同性恋婚姻。USA NEXT 的主席查尔斯·杰维斯（Charles Jervas）在为其广告辩护时说道：“有消息表明，AARP 的俄亥俄分支机构反对该州禁止同性婚姻。”请大家对以上案例进行讨论并分析该案例中是否存在稻草人谬误。

（三）推理谬误之三：虚假的两难境地

虚假的两难境地是指在还有其他选项时却只局限于两种极端的选择，致使自己或他人陷入两难的境地。下面让我们通过一段对话来帮助我们理解何为虚假的两难境地：

女：婚期马上就要到了，我们是否应该制订一个详细的计划保证婚礼顺利进行？

男：我认为没有必要制订一个事无巨细的计划。

女：喂，如果不制订计划，那婚礼就无法举行，这是你希望的么？

在这段对话中，女人给男人出了一道选择题：要么是制订一个详细的计划，要么婚礼便无法进行。但是事实果真如此么？如果缺少了计划，婚礼是否就一定无法进行呢？有可能也会进行，只是会出现杂乱无章的情况或者即使没有一个详细的计划婚礼也能够完美如期地进行。在这里需要我们注意的是，虚假的两难境地与之前提到的稻草人谬误可能会同时发生。回到我们刚刚制订计划的例子，当男人认为制订一个计划不必要时就代表了男人不想让婚礼举行么？

我们可以看出，如果一个论证者在虚假的两难境地中为我们提供了选项 X 与选项 Y 时，该论证者不仅仅是刻意忽略了选项 X 与选项 Y 之外的可能性，他还将选项 Y 进行了刻意的夸大与歪曲。因此，要想避免陷入虚假的两难境地，我们必须在接收论证者提供的选项时谨慎地检查两个选项的真假并且认真思考是否还存在合理的第三选择。

我们的生活中总是存在着形形色色的推理谬误，通过本节的学习，希望我们能够在日后的生活与工作中准确地识别出这些推理谬误并以此为鉴，不断地对自身的思维与构建的推理进行反思与校正。

附：批判性思维自评表

请用“是”或“否”来回答以下问题：

1．你是否能够对自己长久坚持且最为珍视的信念勇敢地提出质疑？

2．对于那些可能会动摇自己长久坚持且最为珍视的信念的问题，你是否会刻意地进行回避？

3．你是否能够包容那些与自己不同的信仰、思想或他人意见？

4．在面对不同观点时，你是否总是努力查找信息以构建与自己观点相符合的观点而不是另一方观点？

5．你是否能够努力预见并准备应对各种观点所带来的后果？

6．你是否会取笑他人的言论，嘲弄他人的信仰、价值观、意见或观点？

7．你是否能够努力分析自己的决定可能产生的后果？

8．你是否会操纵信息以达到自己的目的？

9．你是否会鼓励同伴不要拒绝他人提出的意见和观点？

10．你是否在行动时无视自己的决定可能导致的消极后果？

11．你是否能够为自己设计周全、系统地解决问题的方法？

12．你是否总是急于尝试解决问题而不首先考虑可行方法？

13．你是否相信自己在面对一个具有挑战性的问题时，自己能够解决它？

14．你是否在遇到问题时倾向于寻找简易办法或找别人要答案，而不是通过个人努力解决问题？

15．你是否总是抱着了解新事物的目的而阅读报告、报纸或书中章节，看国际新闻或纪录片？

16．如果看不到即时效用，你是否就不会努力学习新事物？

17．你是否愿意真诚地重新考虑自己的某一决定？

18．当遇到不同观点时，你是否拒绝改变自己的主意？

19．你是否在做决策之前悉心关注周围事物、场合和背景？

20．你是否会因环境、场合与背景的不同，决定是否应当重新考虑自己就某一问题的立场？

请如实描述自己的情况，该自评表可以对我们的批判性思维程度做出粗略的评估。当每道奇数题的答案为“是”或每道偶数题的答案为“否”时，都给自己打 5 分。如果总分达到 70 分或以上，则表明您具备积极的批判性思维习性；如果总分为 50 分或更低，则表明您排斥或厌恶批判性思维；如果得分介于 50 分至 70 分之间，则表明您对批判性思维持犹豫或模糊态度。

本章小结

1．批判性思维是一种理性的、反思性的思考，着重于决定我们相信什么或做什么。

2．批判性思维的三大特质：批判性思维是一种思维方式；批判性思维具备合理性；批判性思维具备反思性。

3．理性是根据好的理由产生或辩护一个陈述、观点、提议等的能力和活动，它是与直觉、本能、感受、情感、习惯、信仰不同的一个精神过程。

4．理性的三大标准：客观性、全面性与充分性。

5．PMI 思考法能够帮助我们实现理性。P（Plus）为优点，有利因素；M（Minus）为缺点，不利因素；I 为（Interest）兴趣点。

6. 反思是人类精神生活达到一定阶段的产物，是人类精神自觉的开始，是对已有“思想”的思想、对已有“认识”的认识，是一种超越于自然生命之上的精神活动，是自由思想的真正实践。

7．反思的维度包含：对于日常的反思、对于自身的反思以及对于外部资讯的反思。

8. 思维的八要素：目的、问题、概念、信息、假设、推理、结果与观念。

9. 问题是思维发展的驱动力量，好的问题应当兼具清晰性与相关性。

10. 问题可以被分为三类，分别是基于事实的问题、基于偏好的问题与基于判断的问题。

11. 解决问题的有效方法：

（1）找到并再次规范表达和评估你的目的和需求。

（2）准确地辨别问题并分析它们。

12. 概念是思维形式最基本的组成单位，是构成命题、推理的要素。概念有两个基本的逻辑特征：内涵和外延。

13. 模糊性、概念偷换以及抽象概念是与概念相关的三个谬误。

14. 辨别信息真伪的基本原则：

（1）追求和检验原始证据。

（2）寻求多方面独立来源来验证证据。

（3）追求公正性。

15. 培养求真的品质与训练求真的思维是辨别信息真伪的方式。

第三章　走上创新之路

本章导读

通过前面两章的学习，我们已经了解了批判性思维所提倡的理性、反思两大思考特质，能够意识地利用思维八要素剖析自我的思维，从而更全面、更深刻地认识世界、形成独立思考的能力，在此基础上发现创新的可能之处。

对于大学生群体来说，在学习如何认知世界的基础上更需要掌握“改变世界”的创新方法。综合现阶段研究文献，设计思维是培养创新能力、激发创新灵感必不可少的一环。作为一种思维方式，设计思维强调以人为本的设计精神与方法，在创新过程中既要考虑人的需求，也要考虑科技或商业实现的可行性。该思维方式共分为5个步骤，以“人的需求”为中心，通过移情、定义、设想、原型制作以及测试收获创新成果。

第一节　设计思维

设计思维来源于哪里？定义为何？为什么有助于创新？本节将从以上三个方面对设计思维进行全面介绍。

一、设计思维的来源

近年来，设计思维成为国内外备受关注的概念，这一概念来源于斯坦福大学的哈索·普拉特纳设计学院（Hasso Plattner Institute of Design，D.School）。该学院由知名设计咨询公司 IDEO 创始人、斯坦福大学教授大卫·凯利（David Kelley）创办，因接受欧洲最大软件公司 SAP 创始人哈索·普拉特纳（Hasso Plattner）的捐助而得名。

D.School 相比于其他设计学院有三个特别之处：首先，由于地处硅谷，在与众多创新创业案例融合的过程中，D.School 或直接或间接地成就了许多硅谷中的传奇故事。其次，该学院与斯坦福商学院关系密切。就像 D.School 的同学会笑称："斯坦福商学院的同僚在和其他院校的商学院的人吹牛时会说，你们做的事情我们都会做，而且我们还有 D.School，我们会 Design Thinking。"。最后，在 D.School 内有一套通俗易懂的理论根基作为其行为准则，也就是设计思维（Design Thinking）。任何一位学习者只要知悉了设计思维的流程并加以实践就能掌握创新的要领。

学院设立至今，D.School 的众多设计项目被苹果（Apple）等世界知名公司收购，所培养的设计人才和工程师被硅谷的科技公司争相招聘，原因就在于 D.School 的创新教学模式强调了设计教育的针对性和实用性，回归到了设计的实践属性。IDEO 的创始人大卫·凯利（David Kelley）为了使鼠标尽善尽美，他的核心团队设计了上百种原型并进行了全面的测试，最终设计出了第一款苹果（Apple）鼠标。

二、设计思维的定义

对设计思维的研究与实践目前仍处于快速发展中，由此也诞生了多个版本和视角的关于设计思维的定义。

IDEO 设计公司总裁蒂姆·布朗（Tim Brown）在《哈佛商业评论》中做出如下定义："设计思维是以人为本的设计精神与方法，要考虑人的需求、行为，也要考量科技或商业的可行性。"斯坦福大学设计学院把它归纳成一套科学方法论，共分为 5 个步骤：移情、定义、设想、原型制作与测试，以“人的需求”为中心，通过团队合作解决问题、实现创新。此外，网络上还存在着其他看待设计思维的视角：是积极改变世界的信念体系；也是一套如何进行创新探索的方法论系统，包含了触发创意的方法。清华大学美术学院副教授付志勇老师将设计思维定义为一套创新式解决问题的方法学，强调以人为本的理念，通过团队合作解决问题，获得创新方案。

纵观各种视角，人们对设计思维定义的讨论总是离不开以下 3 个关键词，即以人为本、团队合作、思维与方法，这也足以体现设计思维的核心特点，即充分考虑“人的需求、人的体验、人的感受”，是一种强调发挥团队力量与智慧的创新思维与创新方法。

（一）以人为本

彼得 • F.德鲁克（Peter F. Drucker）曾说过：设计师的工作就是“将需要转变为需求”。如此看来“以人为本”只需要知悉人们想要什么，然后给他们就行了，至于人们的需求是什么只需要采用焦点小组和市场调研等方法获得即可。但事实上，这样的方法只是简单、粗浅地了解人们想要什么，很难激发出打破常规的创新性突破。正如福特汽车公司创始人亨利 • 福特（Henry Ford）曾提到：“如果我问我的顾客想要什么，他们会说‘一匹更快的马’。”

想要真正做到“以人为本”，要学会将人放在首位。设计者真正的目标是使用洞察力、观察和换位思考三个相互增进的元素，帮助人们明确表达那些甚至连他们自己都不知道的潜在需求。

案例分析：2009 年，民宿经营网站爱彼迎（Airbnb）正处在破产的边缘。该公司成立的第一年，团队成员们仅仅坐在电脑屏幕前试图以代码方式解决所有问题，因为他们相信这是在硅谷解决问题的应有方式。然而一段时间后，整个公司的营业收入每周都只是在 200 美元水平上徘徊，增长为零，与亏损状态无异。公司联合创始人兼首席设计师乔 • 吉比亚（Joe Gebbia）说，爱彼迎（Airbnb）发展曲线一直是水平的，大家不得不靠透支信用卡来维持公司的经营。

在研究了一段时间爱彼迎（Airbnb）上的房屋后，乔・吉比亚（Joe Gebbia）突然意识到："这 40 个房间的介绍都有一个共同点，那就是照片都烂得不行。用户上传的都是用手机拍的照片或是从其他分类网站上扒来的照片。所以人们当然不会在这里预订房间，因为人们根本看不清楚将要花钱住的房间是什么样子。"

在设计思维的帮助下，爱彼迎（Airbnb）团队采取了一个完全没有技术含量的建议：亲自去纽约，租一部相机，花一些时间，到现场看看用户放在网站上出租的房间，用漂亮的高分辨率图片替换掉那些业余的照片。这个三人团队立即乘坐最近的一班航班前往纽约，并将所有的业余照片换成了漂亮的图片。一周以后，成效开始显现：新照片使他们的周营业收入翻倍达到 400 美元。这是公司在过去八个月中首次实现收入的增长。

2011 年，爱彼迎（Airbnb）的服务令人难以置信地增长了 800%。

2018 年 12 月，世界品牌实验室发布《2018 世界品牌 500 强》榜单，爱彼迎（Airbnb）排名第 425。（案例来源：https://firstround.com/）

阅读案例，和你的同伴聊一聊这几个问题：

1．爱彼迎（Airbnb）前后做出了什么样的转变？

2．案例中，"以人为本"的"人"是谁？与选择住酒店的人群相比，他们有哪些特征？

3．如果你在爱彼迎（Airbnb）工作，你有什么办法能够了解用户的真实需求？

要想寻找特定人群的真实需求，洞察力是不可缺少的。洞察力是设计思维的关键来源之一，它来源于设计者切身走进这个世界并对其进行用心的观察。我们可以从身边出发，观察上班族、滑板爱好者或者校园里的食堂阿姨是如何度过他们的一天，观察他们的实际生活经历。利用同理心，通过别人的眼睛来看世界，通过别人的经历与情绪来理解、感知世界，从他人的实际经历中找出宝贵的线索，帮助我们探察出那些未被满足的需求，从而设计出具备创新性的解决方案。

（二）团队合作

无论是在设计思维各个版本的定义中，还是利用设计思维成功获得创新成果的案例中，优秀的团队合作是绝对不可缺少的一环。在 IDEO 公司内部有一个流行的说法："作为一个整体，我们比任何个体都聪明。"团队合作需要团队中的每个人不仅站在自身的角度提出看法与意见，更要积极参与创新的每个环节。

案例分析："一直以来，我所在的行业不断地向各种主题和领域拓展，面对这些新的领域，我的知识非常有限。尽管如此，我还是感觉自己可以贡献观点，或至少可以倾听其他更专业的同事的讲解。职业生涯把我造就成了一名'T 型人才'，虽然当时我并没有意识到这一点：跨专业领域的换位思考能力（即 T 字上的横轴），同时具备一项深度的专业技能（即 T 字上的纵轴）。因此，在 IDEO，我们的设计师不仅拥有工业设计、交互设计、沟通设计或商业设计的专业背景，而且还广泛涉足宏观经济学、认知科学、食品科学、人类学、应用语言学、基因工程等领域。如今，客户经常会找我们解决各种复杂的问题，而这就要求把人们聚集起来共同解决问题，但最重要的是，要懂得聆听，对解决方案持开放态度。"

——IDEO 公司首席创意官保罗·贝内特（Paul Bennett）

一家汽车制造公司里，每个新车型的设计都有数十位设计师参与。一座新建筑可能有上百名建筑师参与设计。1984 年 8 月，当马自达公司首席设计师汤姆·马塔诺（Tom Matano）将米亚塔车（Miata）的概念提交给领导层时，是由其他两位设计师、一位产品策划师和两位工程师陪同前往的。当项目接近尾声时，他的团队已经发展到了 30～40 人。

（案例来源：蒂姆·布朗. IDEO，设计改变一切[M]. 侯婷，何瑞青，译. 杭州：浙江教育出版社，2019.）

阅读以上两个案例，和你的同伴聊一聊这几个问题：

1. 在保罗·贝内特（Paul Bennett）的描述中，IDEO 公司的团队有什么特点？

2. 身处 10 人以下的团队和身处 30 人以上的团队会有什么不同？在不同的团队环境中，我们作为领导者和参与者分别应该怎么做？

3. 我们在课程学习中组建的团队是“多领域团队”吗？每个人负责的领域是什么？

在团队中进行项目创新时，团队中的个体首先需具备一定的专业技能，以保证为成果做出切实贡献。更重要的是，每位成员都应当具备包容的心态及跨领域合作的意向。当有才干、乐观、合作精神的思考者聚集在一起组成团队时，每个成员都是自己技术特长的倡导者，每位成员的想法为集体所共有，创新成果也由每位成员共同努力而得来。

（三）思维与方法

纵观各个视角下对于设计思维的定义不难发现，一部分定义将设计思维解释为一种思维形式，为人们认识世界与分析世界提供信念体系，另一部分则将设计思维定义为一种方法论，即一套具有操作性的创新工具。

设计思维为我们带来了一套具有操作性的创新方法论，通过设计思维五步法、加减乘除创新策略等一系列工具，让我们可以按照指定的流程完成具有一定创新程度的创新成果。但是我们也需要明白，百分之百的创新方法论并不存在，没有任何一种创新方法可以保证高质量创新结果的必然产生，一味强调方法论并不能掌握创新的核心。

我们所说的方法论是知识与技能层面的东西，对于设计师来说这是一些设计的战术和技法，但设计思维的真正核心是在意识层面的，这是设计思维在战略层面的思考，设计思维的成功运用需要战术与战略的叠加，所以不能简单地把设计思维归结为方法论或者设计流程。

因此相较于创新方法论，我们更倾向于认为设计思维是一种不同于以往的思维形式，它更强调站在使用者的角度换位思考、洞察潜在的需求，并且在创新过程中强调多领域人士的团队合作。作为一种思维方式，设计思维被普遍认为是一种具有综合处理多种能力的思维方式，它能够帮助我们理解问题产生的背景、能够催生洞察力及解决方法，并能够理性地分析从而找出最合适的解决方案。无论是否使用相关“战术”解决问题，设计思维都应成为我们认识世界的方式之一。

大学作为连通校园与社会的桥梁，我们在大学中为了成为“现代人”“国际人”而做准备，除了需要储备专业知识与技能之外，更需要将自己的思维尽量锻炼到相对成熟的状态。作为方法论，设计思维的流程可能无法帮助仍处于大学校园中的我们在短时间直接获得足以改变世界的创新成果，但作为一种充满人文关怀的思维模式，却能够帮助我们打开认识世界的窗口、拓宽看待问题的视野并摆脱自我中心主义。我们应站在同一问题中其他利益相关者的角度审视问题，继而体察他人面临的需求与困境，用自己的力量就身边存在的问题做出改变。积少成多、聚沙成塔，改变世界的创新也许就来源于日积月累的观察与行动。

三、设计思维为什么有助于实现创新？

案例分析：在回答“设计思维为什么有助于实现创新”这个问题之前，不妨先来看看下面这几个问题，你能从中找出最与众不同的那一个吗？

1．1+1 等于多少？

2．x 等于多少时，方程 $2x-(3x-4)=2+(1-2x)$ 可以成立？

3．如何给校园里的流浪猫创造更好的生活体验？

4．西安市雁塔区的总面积是多少平方公里？

在上述的 4 个问题中，问题 3 是最与众不同的，原因就在于其他 3 个问题都有唯一正确的答案并且这个答案在很长时间内不会改变，是受到认可的。而问题 3 的答案可能会多种多样，随着校园地处的位置以及季节变换等因素不断变化，并且问题内还包含流浪猫、学生、教师、后勤等多个群体，每个群体站在自身的利益角度给出的答案可能会完全不同，想要出现一个被所有群体认可的答案，难度是很大的。

在我们走出校园，步入社会之后就会发现，我们遇到问题 1、问题 2、问题 4 这样有唯一确定答案的问题会越来越少，而像问题 3 这样“棘手”又“困难”的问题会越来越多，这样的问题我们称之为“抗解问题”。学习设计思维的主要任务，就是学习如何分析并尝试解决这些抗解问题，创新往往就出现在各个抗解问题的解决方案中。

抗解问题翻译自英语 wicked problem，它用来指代一类难以被程式化的社会系统问题。抗解问题往往是无法用简单方法解决的非常复杂的问题。其中关于问题的信息是不完整、相互矛盾、不断变化且往往难以定义的，存在着利益相互冲突的多方决策者，并且解决问题的结果在整个系统中的影响是难以琢磨的。因为复杂问题的相互依赖性，试图解决抗解问题的行动或方法也有可能会造成其他问题的产生。

（一）抗解问题中一定涉及多个利益相关者

在分析抗解问题时，必须要意识到“面对同一问题存在多个利益相关者”。例如“如何给校园里的流浪猫创造更好的生活体验”这一问题中存在着多少利益相关者呢？第一，流浪猫们自身就是主要的利益相关群体之一，它们有自己的生活需求。第二，校园里的学生群体。学生们面对每日在校园活动的流浪猫，会产生不同的态度，也就会产生不同的看法与需求。第三，负责管理校园环境的后勤集团。如何在保障流浪猫生存的同时维护好校园环境秩序，是他们面临的主要问题之一。不仅如此，此问题的利益相关者还包含校园内的教职工群体、流浪猫的原主人、当地流浪动物收容机构……正在看书的你可能也属于与这一问题利益相关的某一群体。

因此，当我们使用设计思维分析和解决问题时，需要尽可能多地了解到针对一个抗解问题存在哪些利益相关者，通过换位思考去体察每一个利益相关群体的需求与困难。即使我们不能就每一个利益相关群体的需求都设计出创新的解决方案，但可以去试着理解与感受他们的行为，丰富看待问题的角度。

案例分析：试着分析一下，以下 5 个问题里，每个问题包含哪些利益相关者？

1. 如何为学前儿童科普性别平等意识？
2. 如何更高效地清洁近海垃圾？
3. 如何给打扫卫生增加乐趣？
4. 如何改善大学生的睡眠质量？
5. 在我们所处的校园中，你还能想到哪些需要解决的抗解问题？

（二）对于问题本身的不同定义决定了解决方案的方向

每一个复杂的抗解问题，从不同角度分析就会出现很多不同的利益相关群体，我们会发现很难提出一个既能满足所有利益相关群体需求又同时具备创新性的方案。如果有这样的方案，则它的创新性很有可能会大大降低，因为它是在为所有人的最低要求而服务。

具备创新性的方案或成果来自对其中一种或少数几种利益相关群体的细致观察和调研。由于每个群体所面临的困难和提出的需求都不相同，因此，我们必须站在选定的目标群体角度去发现和定义问题。在创新初期阶段，我们需要从目标群体的视角去定义问题，关注到其需求中的核心问题，有针对性地提出创新方案。

定义问题时常见的一个误区：当我们在定义问题时，由于受到主观因素的影响，常常习惯于将自己所在的群体视作问题里最主要的利益相关群体，陷入类似于“我们遇到的问题最困难并且都是因为×××而产生的”的思维误区；另外，尽管有时我们能够选定一个群体，但还是站在主观视角对其需求进行猜测，缺少“以人为本”的换位思考，陷入“我们觉得他们一定需要×××”的思维误区。

（三）解决方式没有对错，只有好与不好

“只要使用设计思维规定的流程解决抗解问题，就一定会诞生惊世骇俗的创新成果吗？”实在抱歉，这个问题的回答是否定的。设计思维不仅要考虑人的需求、行为，也要考量科技或商业的可行性。在进行创新项目设计的过程中，扎实的专业知识、多领域团队合作、可获得的技术支持等要素都会对最终的结果产生直接影响。

“如果我的创新成果没有很强的影响力或者看上去很 low，是不是创新就没有意义了？”这个问题的答案当然也是否定的。斯坦福大学 D.School 的课程目标中明确写着：“Our goal is to help you use design to make change where you are”。我们将它翻译为：我们希望帮助学习者利用设计思维在其自身所处之地做出改变。这个“所处之地”可以是我们周围的宿舍、教室、小区，也可以是我们所在的组织。待自身能力增长之后，可以为我们所在的城市、国家，甚至于为世界的改变贡献自己的力量。

下面是两组在校学生利用课上、课下时间完成的创新成果，也许这些产品看上去并不具备明显的“科技感”与“商业性”，但是却是洞察生活细节、尝试在力所能及范围内解决身边问题的优秀案例。

1. L.B.A 护鸟计划

L.B.A 护鸟计划与联合国 17 个可持续发展目标之一的“陆地生物”相契合。在校园生活中，存在着小鸟误食鼠饵盒内药品的安全隐患。学生小组在实地考察与调查研究后，决定对鼠饵盒进行创新性改造，在保留诱鼠功能的同时调整、丰富其内部结构，从而为小鸟提供更加安全的生活环境。L.B.A 护鸟计划说明海报如图 3-1 所示。

2. 烟头占卜器

烟头占卜器是一款富有趣味的烟头收集器。学生小组针对身边存在的烟头随地乱扔的现象，将收集烟头的垃圾桶进行改造。通过增加扔烟头的趣味性来提高烟头收集率，从而达到保护环境的目的，烟头占卜器说明海

报如图 3-2 所示。

图 3-1　L.B.A 护鸟计划说明海报（图片来源于 Eurasia 全人教育）

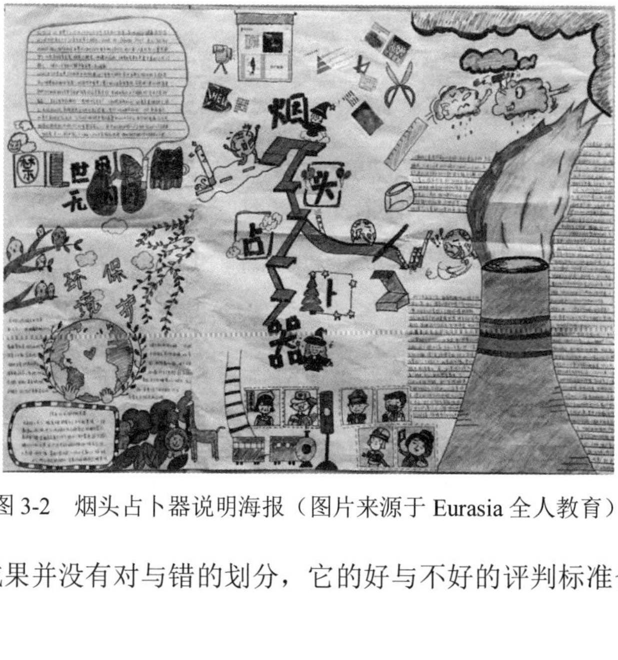

图 3-2　烟头占卜器说明海报（图片来源于 Eurasia 全人教育）

创新成果并没有对与错的划分，它的好与不好的评判标准也不应该是

“能不能改变世界”或者“会不会赚钱”，而是“有没有帮助身边的世界变得更好”“是否解决了一部分人群的真实问题”。利用设计思维可以将我们的创新成果转化为一股让世界变得更美好的力量。

（四）从不同的角度来看问题，没有单一清晰的解决方案

抗解问题之所以难以解决，其中一个很重要的因素就源于其不断变化的属性。以“解决西安某大学高峰期学生就餐难”这一问题为例，经过团队观察、调研、推演、测试得出的解决方案是在南教学区、西教学区、北教学区制造下课的时间差，学生根据不同的下课时间分批去食堂用餐。这一方案在使用初期确实取得了良好的结果，但一段时间后，学生会调整自身情况以适应新的方案，导致新的方案在运行中不同利益相关群体会再次产生新的问题与需求，需要提出新的方案来解决。

在使用设计思维就抗解问题提出解决方案时，由于选定的群体不同，会诞生不同的解决方案。即使是在选定解决方案之后，也需要对方案适用的时间进行预估，并且需要在实施过程中站在不同群体的角度进行持续关注与跟进，及时洞察新问题并对其改进或提出新的解决方案。

抗解问题不同于以往我们在学习时遇到的简单问题或复杂问题，其具有更强的矛盾性、社会性与多变性。具体表现在抗解问题中不同利益相关群体的需求可能存在冲突、更关注社会生活中潜在的问题与困难，并且问题中的各个要素处在不断变化中。抗解问题的解决方案必然是具有创新性的，是在现有基础上进行的创新性改变或改造。使用设计思维提供的流程和规范能够保障我们在解决抗解问题时始终走在正确的道路上，并有创新成果的产出。

本节是走上创新之路这一章的第一小节，也是由批判性思维进入设计思维的第一部分。设计思维是近年来的一个新兴概念，起源于斯坦福大学D.School。随着人们对它的研究与应用不断深入，设计思维已经不仅仅是设计师应当必备的一项技能，而且是一种人人都应具备的思维方式。设计思维的学习与锻炼并非毫无方法可循，而可以遵循设计思维流程，在生活、学习中不断练习从而实现创新。

四、设计思维如何培养创造力

锻炼设计思维的使用技能，有助于提升个人的创造力。学习设计思维，可以通过设计思维的思考方式洞察创新的可能性，利用设计思维方法论将可能性变为可视化、可操作的创新成果。

创造力是“个人拥有和运用一系列能力的状态，这种状态使个体能够将多种新的连接组合起来，并产出有意义的结果”。中国传媒大学设计思维创新中心将定义中的“一系列能力”概括总结为发散性思维能力、收敛性思维能力、艺术性能力。

想象一个漏斗，开口较大那端代表范围很广的初始可能性，而开口较小的那端则代表经仔细汇聚后的解决方案。发散性思维的目的就是增大可能性以创造新选择，也是针对特定问题，快速生成若干想法或解决方案的能力。发散性问题是开放的，并没有单一的、明确的解决方案。发散性思维包含 4 种具体的能力标准。

（1）原创性，即做出的回答是在统计上罕见的。

（2）熟练程度，即回答的数量有多少。

（3）灵活性，即一系列回答分属不同类别，这些类别的数量有多少。

（4）详细程度，即回答中包含多少细节。

两度获得诺贝尔奖的莱纳斯·鲍林（Linus Pauling）曾说：“为了有个好主意，必须先有很多想法。”发散性思维作为创新必不可少的部分，要求设计者能跳出现有的框架认知，站在新的高度上提出不同于以往的全新方案。在这一阶段，设计者可以尽情发挥想象力，构思天马行空的解决方案、尝试得到更大胆、更能创造性地打破常规、更引人注目的结果。但在设计思维中，发散性思维必须伴随着收敛性思维一同发挥作用。在现存的文献中，收敛性思维被定义为针对特定问题提供单一的正确解决方案的能力。当使用收敛性思维解决问题时，我们会在已有解决方案的基础上，从不同的角度评估问题，在给定的或相关的想法之间建立独特的联系，最后采用新颖的方法解决问题。

收敛性思维的应用在创新的过程中同样至关重要：在发散性思维影响下，关于问题的解决方案天马行空并且充满奇思妙想，但是有些想法是很难与实际生活结合并真正实施的。只有及时在思考如何将解决方案落地的环节中使用收敛性思维，将预想的解决方案下沉与商业及科技的可行性相结合，才能形成一套具有真实操作性的有效方案。

设计思维思考者所采用的思考过程，应当是发散性思维和收敛性思维交替运作、协同上升的过程。每个重复的过程与前一次相比都会更聚焦，也更关注细节。在发散性思维阶段，新选择会出现；在收敛性思维阶段则大胆淘汰选项，做出选择。

案例分析：发散性思维和收敛性思维小游戏。

试着调用你的英语单词库，组成一个长短不限、意义不限但语法通畅的句子。要求是每个单词的首字母必须相同。例如：Sam sales strawberries。

请试一试 1 分钟之内你能写出几个句子。

在进行上面游戏的过程当中，我们会发现，在发散性思维阶段，脑海中会浮现各种各样的单词，这些就像是各种复杂的选择，而要组成句子，我们就必须有所取舍。在复杂的选项中做出选择，最终组成符合要求的句子，这就是收敛性思维在发挥作用。

除发散性思维与收敛性思维之外，在提出创新方案时，设计者的艺术能力也会得到锻炼。创新成果需要以可视化的形式完成输出：故事、模型、产品……无论是绘制原型设计图还是制作模型，在整个过程中对艺术和美的追求是不能放弃的。众多成功的创新案例已经说明，成功的创新成果不仅需要创新的内核，在视觉呈现方面的打磨上也需要充满匠心，做到赏心悦目。

第二节　设计思维百宝箱

在上一节的内容中我们了解到设计思维的来源、定义和意义，从本节开始我们将具体学习设计思维五步法中各个步骤的内容及如何在创新过程中对其进行应用。

一、设计思维五步法概述

我们可以将设计思维理解成一种标准化的设计方法，而设计思维五步法就是这套设计方法的具体流程，它包括五个步骤：移情（同理心）、定义、设想、原型制作和测试，如图 3-3 所示。设计思维五步法的实践过程是一个打开想象力和创造力的过程，它为我们解决实际问题提供了无限的可能。

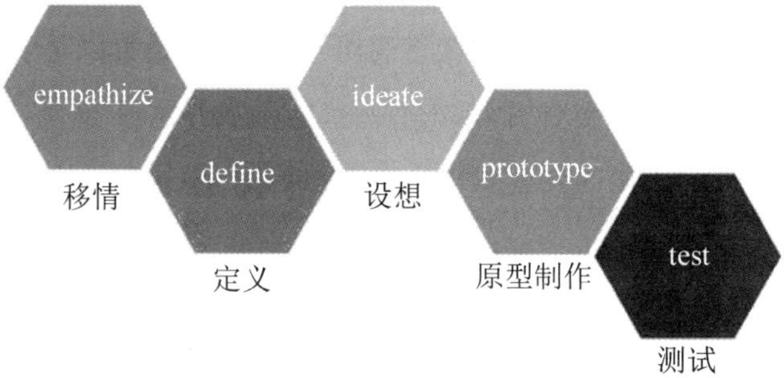

图 3-3　设计思维五步法

传统的设计方法论将设计过程概括为四个步骤，即定义需求、头脑风暴、原型制作和用户测试。斯坦福大学的设计思维五步法则是在传统设计方法论的基础上更加关注目标用户群体的真实感受和真实需求，强调沉浸式体验，与此同时注重操作步骤可视化并且聚焦产品的社会价值，力图寻求产品的社会影响和商业运营之间的平衡。接下来让我们来具体看看设计思维五步法与传统设计方法论之间的区别。

首先，设计思维五步法和传统的设计方法论最本质的区别在于增加了移情这一步，即强调沉浸式体验目标群体的真实生活、注重目标群体的真实感受和真实需求。只有站在对方的立场，真实体验目标群体的生活，才能真正找到他们的痛点，做出其真正需要的改变，以解决实际问题。

其次，设计思维五步法注重流程的可视化。在设计思维的实践过程中我们会运用到大白纸、便利贴、剪刀、彩笔、易拉罐、木棒等很多工具，将想法可视化地呈现出来，可以帮助我们持续关注关键问题并富有创意地解决它。

最后，设计思维五步法的理念是以人为本，即关注产品或服务的社会价值，这也是设计思维的初衷。它的第一目标并非是获取商业成功，而是让社会变得更好。设计思维所要解决的往往是社会和生活中真实存在的问题，在解决问题的同时实现其社会价值和商业价值，所以我们也可以认为它实现了社会影响和商业运营之间的平衡。

二、移情

移情是设计思维五步法的第一步，也被认为是设计思维五步法与传统设计方法论最根本的区别之一，它是设计思维是否能够被成功应用的关键。接下来我们将从移情的定义、移情的意义以及如何做到移情这三方面去认识移情。

（一）什么是移情

移情（empathize）也被称为同理心，是指站在对方的立场，设身处地地了解对方的感受与想法，与之产生情感和思想的共鸣，并以此为依据做出符合对方期望的回应。移情强调的是倾听、理解与尊重，而不是主观臆断的猜测与评价。移情的过程就是沉浸式体验的过程。

在学习移情的概念时，我们首先要能够区分同情心和移情的区别。同情心指感知到他人的痛苦而产生的恻隐之心。移情和同情心最大的区别在于是否换位思考，是否站在他人的立场感知和考虑问题，是否平等地看待对方而非将对方视为弱者去表达关心。显然，移情是比同情心更加深入的一种能力。

（二）移情的意义

在我们生活的方方面面，移情都显得至关重要。首先，它可以增进人与人之间的理解，提高个人的交际能力。移情可以减少因文化、信仰、价值观不同所造成的冲突，让人们实现和谐共处。其次，通过移情，我们可以发现并解决大量社会问题，让公共设施及公共服务更具人性化，便利居民生活，提升幸福指数。最后，在商业行为中，移情可以帮助设计者真正了解用户的需求、改良产品设计、优化服务，实现产品价值。日本的一家超市专门为老年人配备的老花镜就挂在购物推车上，便于顾客取用查看商品信息。

图 3-4 是一款 LYRA 品牌的创意铅笔，它区别于一般圆柱形的铅笔，该铅笔为三棱形状，并且笔身挖出了一个个光滑凹陷的圆洞错落有序分布在整个笔身。这样一款极富设计感的铅笔可以有效地帮助学龄儿童纠正握笔姿势。

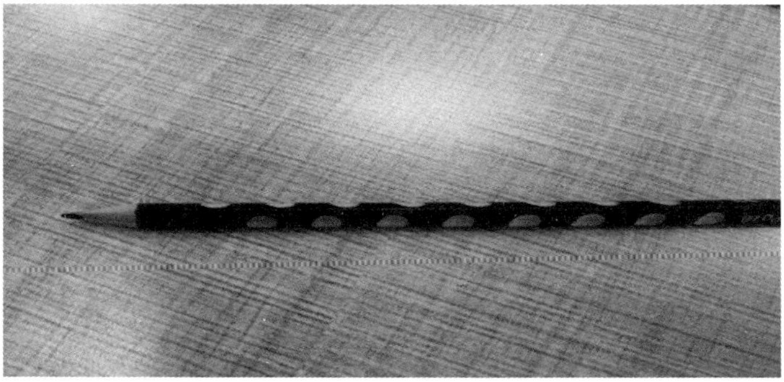

图 3-4　LYRA 创意铅笔

另外，一些国家的货币上供盲人触摸的凸点可帮助盲人辨识纸币面值。所有这些人性化的设计都来源于充分的移情，它可以帮助我们挖掘出目标群里的潜在需求。

（三）如何做到移情

既然移情如此重要，那么我们要如何做到移情呢？我们可以采用以下三种方法去充分地移情，即跟踪与观察、沉浸式体验和调查与访谈。

1. 跟踪与观察

想要真正做到移情，需要近距离跟踪和观察受访者，融入目标群体生活的方方面面，努力做到感同身受。下面这个例子为我们充分展现了如何通过跟踪与观察的方法深入了解被访者。

案例分析：网络系列演讲《一席》节目组在2018年邀请到华南理工大学建筑学院讲师何志森先生做客演讲。何志森先生是华南理工大学建筑学院的讲师，也是墨尔本皇家理工大学建筑与设计学院的兼职教授，但他还有另一个身份——“城市追踪者”。他在2013年创办了Mapping工作坊，该工作坊以“跟踪、观察、发现－思维导图训练－构图思考－策展”的独特模式解读城市和空间。在做每一次研究时，何志森先生都会融入被观察者的生活。他认为“你要长时间地跟踪这个目标，你要把自己变成这个目标”“如果你要跟踪研究一条狗，那么你要把自己变成狗”。一次在华南理工大学建筑学院的工作坊中，有一组学生研究的对象是一位卖糖葫芦的阿姨。第一天学生近距离观察这位阿姨，记录阿姨不同时间段摆摊的位置。理解阿姨八点钟为什么要站在地铁口、九点钟为什么站在厕所门口、十点钟为什么站在一棵大树下，去理解小贩们是如何利用设计师设计的空间。第二天学生跟踪阿姨穿过卖糖葫芦的广场一直到阿姨居住的城中村的家中。在被阿姨发现后，通过解释和交流，阿姨留下学生们一起吃了晚饭。第三天，学生继续跟踪阿姨的生活，遇见阿姨被城管收走了所有的糖葫芦，阿姨在路边沉默不言。通过交谈，学生们了解到阿姨卖糖葫芦的钱中有三分之二是要寄回山东老家给留守家中的孩子做生活费。今天被没收了糖葫芦，就意味着今天孩子收不到妈妈寄来的生活费。因此学生们为阿姨设计了三条躲避城管的“逃跑路线”。第四天学生把自己变成了卖糖葫芦的小贩。在卖糖葫芦的过程中，学生发现上厕所是一个难题。原来阿姨从早上五点起床开始就不敢喝水，直到把手中所有的糖葫芦都卖掉。于是学生为阿姨设计了一辆既可以变换成卫生间又可以载物的推车。通过跟踪与观察卖糖葫芦阿姨的生活，学生们完成了一次很好的设计，向工作坊交上了一份满意的答卷。

2. 沉浸式体验

运用设计思维的设计者可以通过角色扮演等方式沉浸式体验目标群体所处的环境、生理和心理的需求与变化，从而做到感同身受。例如，在很多企业，销售团队内训时都会让销售人员扮演不同类别的顾客，体会不同顾客的不同需求和心理特征。沉浸式体验更能够激发设计者解决问题的内在动力。下面这个例子中，中青年志愿者就是通过沉浸式体验这一方式，体会到老年人的生活之不易，从而实现移情的。

案例分析：随着人口老龄化的加剧，关爱老人成为社区服务的一项重要工作，然而再多的呼吁都不如一次亲身体验能让人印象深刻。2016 年 4 月 12 日，北京东城区东四街道办举办了一场“老年生活体验”活动，三十多名中青年志愿者带上黄色眼镜和耳塞、系上关节护具、穿上打滑的“增高鞋”，在看不清、听不清、腿脚打滑的状态下体验读书看报、穿针引线、上下楼梯。中国社会福利基金会聚家健康关爱基金秘书长李美霖在体验中呼吁社会各界关注、理解老年人，关爱老人从多一点耐心、关怀和理解开始。

3. 调查与访谈

当目标群体的数量非常庞大时，我们还可以通过案头调研和田野调查两种方式去了解目标群体的需求从而实现移情。案头调研即人们通过互联网或报刊书籍等媒介对收集到的文字信息根据需求进行判断和筛选。值得注意的是，在进行案头调研时并不是所有检索到的信息都是有效的。首先，我们需要筛选信息来源的渠道以保证信息渠道的专业性、公信度以及中立性；其次，我们需要辨别信息质量的高低并且筛选出我们所需要的信息；最后，我们需要根据信息的共性和特性对信息进行分析和汇总。

另一种了解需求实现移情的调研方式是田野调查。田野调查也被称为实地调查，调研人可以通过调查问卷和典型用户访谈等形式去调研。调查问卷往往是定量调查，我们选取一定数量的、具有代表性的用户为调查对象（样本），设计以封闭式问题为主的问卷，以线上或者线下的形式进行问卷的发放和回收，调查结束后进行数据统计和分析，最终撰写调研报告。典型用户访谈则是选取具有代表性的少量用户，进行一对一或一对多约谈，采访以开放性问题为主。采访时需要尽量选择让采访对象舒适和具有安全感的地点，采访者要做到态度真诚，让受访者感到被尊重和理解，采访结束后需要对访谈内容进行整理和分析。不论是调查问卷还是典型用户访谈，都需要采访者在提前了解目标群体的立场和特点的同时明确自己调查的目标，合理、有效地设计问题。

三、定义

（一）什么是定义

定义（define）是设计思维五步法中的第二步，它是在我们通过移情深入了解目标群体后，对其真实需求的再挖掘，是产品设计过程中对核心问题的二次界定。这一切建立在对需求洞察的基础上。“在汽车出现之前，如果你问人们需要什么，他们的答案是一批更快的马，而绝不是一辆汽车。”显然，人们真实的需求并不是一匹马，而是一个速度更快的交通工具。但诸多条件会限制人类的思维，很多时候人们甚至无法意识到他们真实的需求。让我们通过下面这个例子进一步理解如何定义主要问题。

案例分析：某小区的物业公司近期频频接到业主投诉，业主们集中抱怨大楼的电梯运行速度太慢，并威胁称若不更换更加快速的电梯，将不再续租。物业公司不得不一边请专业人士继续对现有的电梯进行维修保养，一边与业主沟通协调，不胜其烦，但问题仍然没有得到解决。因为更换电梯的成本非常大，物业公司无法负荷，为此十分头痛。

阅读案例，和你的同伴聊一聊物业公司应该如何解决这个问题。

表面上看，物业公司面临的问题是电梯速度过慢。但随着深入的实地了解和与小区业主进行沟通之后，物业公司的工作人员发现："我们的电梯是比较慢，但与其他小区相比，我们的电梯速度并不算太慢。当很多业主抱怨电梯慢的时候，实际上是对等待电梯这段时间的无聊感到不满。"最终物业公司在小区的电梯间摆放了镜子和电视屏幕，完美地解决了这次投诉事件。

上面这起电梯投诉事件中业主们的表面需求是"电梯速度慢，想要提升电梯的速度"，但当站在业主的立场去看问题时，我们会发现其实业主们真正讨厌的是"等电梯时的无聊感"。基于此，我们对关键问题重新进行定义：物业公司需要解决的核心问题不再是"电梯的速度"，而是"如何打发等电梯的时间"。

（二）定义问题的工具——用户画像

在现实生活中，我们需要解决的问题往往纷繁复杂，尤其当我们的目标群体十分庞大时，我们需要一个有效的工具帮助我们快速、准确地了解、熟悉我们的目标群体。勾勒用户画像是行之有效的方法之一，它可以将用户诉求与设计方向进行有效的连接。

用户画像（user persona）的概念最早由交互设计之父艾伦·库珀（Alan Cooper）提出，他认为"用户画像是真实用户的虚拟代表，是建立在一系列真实数据之上的目标用户模型"。用户画像的本质是一种数据思维，好的用户画像需要大量的数据样本，需要大量历史数据量的沉淀，并且需要保证数据的真实性。同时，用户画像需要建立在科学的算法和模型基础上。

1. 用户画像的意义

首先，在产品设计阶段，目标群体的形象往往是非常抽象和模糊的。

用户画像可以将目标群体具象化，帮助我们直观地了解目标群体，从而使产品设计更加聚焦、服务更为专注。

其次，在产品设计过程中，我们经常会看到这样一种现象，即设计者在设计一个产品时，总是期望目标用户能涵盖到所有人：男性与女性、老人与孩子、行业专家与业余爱好者等。然而这样的产品因目标客户覆盖面过广反而会缺乏个性，难以在市场上找到合适的定位，最终走向消亡。并且满足最大范围的需求必然会以降低某一功能或特性的标准为代价，也就是说，目标群的基数越大，产品某项功能的特色和标准就越低。这样的产品要么毫无特色，要么过于简陋。给特定群体提供专注的服务远比给广泛的人群提供低标准的服务更容易实现创新。

最后，制作用户画像可以使设计出的产品更加客观，更贴近目标用户的实际需求，避免目标用户草率地“被代表”。在产品设计的过程中，设计者经常不自觉地将自己的需求和期望与目标用户的需求和期望相混淆，认为自己与用户的期望是一致的。最终设计者设计出的产品与初衷背道而驰，不被市场所接受，沦为“糟糕”的设计。让我们来看一个“定义问题”的反例：

案例分析：2018 年，锤子手机 CEO 罗永浩在国家体育场——鸟巢发布了一款被其称为“重新定义未来十年个人电脑”的黑科技产品：坚果 TNT 工作站。这里的 TNT 指的是 Touch and Talk，这款售价 9999 元到 14999 元的电脑最大的亮点为触屏和语音控制系统，即用户在使用办公软件时不再需要键盘输入，而是直接语音输入即可。令罗永浩意想不到的是，该款电脑尚未上市便迅速沦为笑柄。为什么一款备受关注、具有革命性的科技产品会在一夜间成为全网嘲笑的对象呢？首先，产品的目标用户群被定义为在写字楼办公的精英白领。但试想一下，在一个开放的办公空间中，白领们分别对着自己的电脑吼出自己的报表、自己的创意或是下午的演讲稿，场面该多么失控，既没有效率，又毫无隐私。这款产品的设计者正是用自己的期望“代表了”写字楼中白领的期望，错误地定义了产品用户的需求。

2. 绘制用户画像的方法

在“如何做到移情”中我们介绍了两种调研的方法：案头调研和田野调查。通过这两种调研方法，我们能够掌握大量的数据和信息。在本节内容中我们将对这些数据和信息进行汇总和提取，去绘制用户画像。贴标签是一种可视化的绘制用户画像的方法，通过对信息的汇总和分类，整理出高度精练的特征标签，如年龄、性别、地域、兴趣等。这些标签集合在一起就能非常直观地展现一个用户的信息全貌。

那么我们应该如何贴标签呢？其实，对信息进行汇总、分类、归纳、提取个性信息的过程就是在贴标签。首先，我们可以根据信息的不同特性进行分类。比较常见的标签属性包括人口属性、兴趣属性、地理属性、行为属性、商业属性等。人口属性是指目标用户的客观条件，包括年龄、性别、学历、婚姻状态、收入水平、所属行业等。这些标签是相对稳定、长期有效的，可能构建完成后很长一段时间都不会改变。兴趣属性是从用户兴趣爱好这一维度出发构建的标签。在互联网领域，很多需要个性化推荐、精准营销的场景都是以兴趣标签作为核心标签的。地理属性也是一项非常重要的标签，它的范围可以大到一座城市、一个国家，也可以细化到某个写字楼或是图书馆，它包括常住地、活动区域、活动路径、区域变化频率和时间等。行为属性包括日常行为习惯、常用工具、人际互动等，它是勾勒目标用户日常生活状态的一组标签。商业属性包括消费水平、购物习惯等，它是体现目标用户群体购买能力和购买偏好的一项重要标签。

其次，针对同一类别的标签，我们可以根据标签的细致程度将某一类标签分为一级标签、二级标签、三级标签等。越是下级的分类，其内容越具有个性化。分级标签参见图 3-5 所示。

我们可以根据产品设计的目标和用户群体的特性选择合适的标签属性和标签分级。需要注意的是，在初期对目标群体进行调查时，我们就需要充分考虑标签属性，设计合理的调查问卷和采访问卷。另外，用户画像的形式并不统一。在绘制用户画像时，我们既可以采用画图的方式，也可以采用文字描述的方式。通过建立不同维度的标签，目标群体的关键信息将会非常立体地呈现在我们面前，帮助我们了解目标用户的痛点，重新定义核心问题。图 3-6 和图 3-7 为用户画像的两种示例，我们也可以根据自己的喜好做出相应的调整。

图 3-5　分级标签

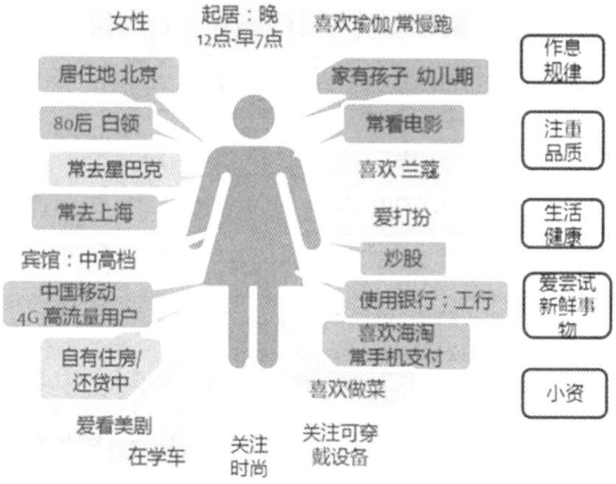

图 3-6　用户画像示例——画图

图3-7　用户画像示例——文字描述

四、设想

设想（ideate）是设计思维五步法的第三步，在我们移情、重新定义问题后，我们就找到了需要解决的关键问题，也就是用户群体的痛点。我们接下来需要做的就是尽可能地发散思维，进行头脑风暴，设想出尽可能多的创新性方案来解决问题。

（一）头脑风暴

在群体决策中，人们经常会屈从于权威或大多数人的意见，致使不能做出真正有益的决策。为了发挥群体的创造性，获得更多个性化的思考，避免“群体思维”效应，头脑风暴成为一种有效的创意激发与决策手段。在头脑风暴的实施过程中需要遵循以下原则。

第一，不否定。在进行头脑风暴的过程中，我们的目标是获得足够多的创意和想法，因此参与者需要鼓励所有想法，不否定任何一种思考，以确保参与者能畅所欲言。在进行头脑风暴前，需要挑选出一位主持人主持会议。主持者需要明确会议主题和讨论目标，营造轻松的氛围，并启发参与者提出各种各样的想法。

第二，可视化。在头脑风暴中，每一种想法都应该被记录下来并且展示在公共区域，实现视觉化呈现，从而确保讨论时刻聚焦于目标、关键问题。

第三，知识共享。头脑风暴的过程是一次团队知识共享的过程。比较理想的团队是由一群知识背景、专业技能、兴趣爱好各不相同的成员组成的。团队成员分享自己的知识和技能、前期调查结果、思考依据、创意和经验等，从而促使每一位参与者迸发出更多的思考和创意。

第四，建立优先级。在得到足够多的想法和创意后，主持人需要引导所有成员一起对所有的想法和创意进行优先级排序，并探讨可行性，最终确认方案。

（二）启发创新的思维工具——加减乘除策略

如果基于我们的经验和现有条件无法创新性地解决关键问题，那么我们就需要新的思路或产品去解决它。是什么阻碍了创新？美国作家德鲁•博迪（Drew Boyd）和雅各布•戈登堡（Jacob Goldenberg）在《微创新：5 种微小改变创造伟大产品》一书中提出“结构性固着”的概念，书中指出“人们倾向于把物品看成一个整体，当物品的某个部件不复存在，或是这个部件的安装方式发生了改变，人们就会觉得不自在，会产生思维障碍”。依据概念，我们可以看出“结构性固着”是一种思维定式，创新的本质就是要克服“结构性固着”。同样是在《微创新：5 种微小改变创造伟大产品》一书中为我们呈现了一些行之有效的策略，这些策略可以帮助我们突破结构性固着的思维障碍以达到创新的目的。接下来我们就对其中的四种策略进行介绍，它们可以被统称作“加减乘除”策略。

1. 加法策略

加法策略是指给改造对象增加某项功能或服务，或是给其内部的某个组成部分增加某种功能或分配更多任务，以实现 1+1>2 的策略。让我们通过下面这个案例来更好地理解加法策略。

案例分析：20 世纪 90 年代初，苏格兰导演约翰 • 道尔（John Dower）在英格兰乡间的一家小型演出公司供职。在其供职期间，如何以低成本制作出令观众喜闻乐见的音乐剧成为了他面临的主要问题。由于要花钱聘请乐手，音乐剧的成本比传统舞台剧高许多，道尔想办法把这笔费用省了下来，将音乐伴奏的任务分配给了演员，要求这些演员们既要演戏又要弹奏。2004 年，道尔导演的音乐剧《理发师陶德》在英格兰纽伯格的沃特米尔剧院上演，这个剧目以其独特的舞台设计和角色安排让人眼前一亮，很快，它被搬上了伦敦西区和百老汇的舞台。2006 年，道尔因在《理发师陶德》中运用的“演员兼乐手”式的表演形式获得托尼奖“最佳导演奖”。（案例来源：德鲁 • 博迪，雅各布 • 戈登堡．微创新：5 种微小改变创造伟大产品[M]．钟莉婷，译．北京：中信出版社，2014．）

上述案例中的演员是传统音乐剧中的一项内部资源，导演约翰 • 道尔给这一内部元素分配了新的任务，即音乐伴奏。这一举动不仅降低了音乐剧演出的成本，更使得该剧目带给观者耳目一新的体验，因而获得了令人意想不到的成就。

案例分析：随着生活水平的提高，人们对于家居环境的整洁度也有了越来越高的要求。家居收纳类产品迅速成为各个电商平台非常重要的销售品种之一。在收纳物品的过程中，很多难题有待解决，例如收纳空间不足、很多衣物和小物件在被收纳后总是被遗忘等。如何解决这些问题成为家居产品的设计难点。太力集团生产的一款空气压缩带，不仅可以压缩掉棉被、羽绒服、毛绒玩具中多余的空气，节省收纳空间。同时，每个压缩袋都配有独立的二维码，用户可以扫码记录每个压缩袋所在的位置及其所收纳的物品。通过在产品原有功能上做加法，完美地解决了产品、物品收纳的两大难题，既节省了空间，又方便了物品的查找，一举两得。阅读该案例，和你的同伴聊一聊在该案例中是如何运用加法策略的？

2. 减法策略

减法原则与加法原则正好相反，是通过减少产品的某项内容、功能或服务，以达到更好的效果或提高收益。在这个策略中，我们减去的部分可能是原本不必要存在的元素，或者是消耗过多、产出与投入不成比例的部分，甚至有时减掉的是一些原本被认为是必不可少的基础部分。

案例分析：连锁理发店“台湾快剪”就是运用减法策略在低迷的市场环境下创造出商业奇迹的。这家理发店的选址均在超市、地铁站等人流量大的公共区域，面积只有十多平方米，每家店有两三名理发师。男女剪发一律 10 元，顾客在店门前的自助缴费机上自助缴费，然后凭票等候剪发。店内没有烫发和染发服务，也不提供洗吹。理发师用剪刀、梳子、电动理发器为客人“干剪”，剪完头发后，用悬挂在镜子上方的毛发吸收器吸走散落在顾客身上的碎发，整个理发过程 10 分钟左右便能完成。这个不起眼的小店，在高峰时段可以创造 4000 元左右的日营业额，每月收入超过 10 万元，年收入高达 100 多万元。“台湾快剪”在台湾有接近 200 家店，2011 年底开到厦门，目前在大陆已经有 400 多家门店，年收入上亿。（案例来源：知乎，https://zhuanlan.zhihu.com/p/52953183）

上述案例中，不同于大部分美发行业越来越精细化的服务，“台湾快剪”反其道而行之，减去了烦琐的吹洗服务，放弃了高利润的染烫项目及高大上的装修风格，只满足客户最基础的需求——剪发，降低经营成本，精准定位目标客户，以量取胜，实现了超额盈利。

3. 乘法策略

乘法策略是指对原有产品进行分解，将分解后的某一部分进行复制，复制后重新合成一个拥有新特征或优势的产品。大家熟悉的很多产品都是运用乘法策略实现迭代更新的，例如男士用的剃须刀，从单片刀锋升级成多片刀锋，从单头升级为多头；再比如我们的手机，从单个摄像头升级为带有自拍功能的前置加后置摄像头，继续复制摄像头便有了可以拍摄近景、远景、广角、自拍的多个摄像头的拍照手机。让我们通过下面这个案例来具体看一下乘法策略是如何实践的。

案例分析：宝洁公司的一名药剂师在一次实验中意外发现羟丙基-β-环糊精这种化学物质具有去除异味的功效，宝洁公司敏锐地嗅到了其中的商业价值，并迅速地成立团队开发除臭产品，最终成立了旗下品牌“纺必适”（Febreze）。随着市场需求越来越多元化，单一的除臭剂已经无法满足人们对于生活品质的追求。在听过《微创新：5 种微小改变创造伟大产品》一书的作者雅各布·戈登堡（Jacob Goldenberg）关于“创新思维”的演讲后，宝洁公司的管理者邀请了这位“创新大师”来到纺必适开展工作坊，为该品牌的除臭产品的革新进行创新启发。

雅各布给出的建议如下。

第一步，分解产品，列出产品的所有组成部分。该除臭产品分解后的组成部分包括一瓶装有除臭剂的液态香精、容器瓶、外壳、插头和电热丝。

第二步，选择其中一个组成部分进行复制。复制是乘法策略中最关键的一步，也是乘法策略的核心。最终，工作小组选择了“容器”这个组成部分进行复制。

第三步，重新组合产品。在重新将零件组合后，他们得到了具有两个容器的空气清新剂，至于这两个容器瓶需要装什么物质，是接下来需要重点讨论的内容。

第四步，根据市场需求重新定义产品优势。该小组针对这个初具雏形的“新”产品进行了头脑风暴，讨论这两个容器的用处。有人认为，两个容器可以装不同香型的香精，让两种香味交替发热散味。有人认为两种香型的香精可以自由混搭，给人新的嗅觉冲击。

第五步，可行性改进。在经过小组头脑风暴后，大家一致赞同这种双重香型香精的想法。接下来便是明确可行性。最终，小组决定给两个容器分别装入除臭剂和清新剂，交替加热，散发香气。几个月后，宝洁公司的新产品“纺必适提神清新剂”问世，销量达到了其他所有空气清新产品的两倍之多。（案例来源：德鲁·博迪，雅各布·戈登堡.微创新：5种微小改变创造伟大产品[M]．钟莉婷，译．北京：中信出版社，2014.）

4. 除法策略

除法策略的第一步需要将某个产品按照功能或实体进行分割，然后挑出产品的某个功能或组成部分，改变其位置，从而重组成新的产品或为产品带来新的功能。例如老少皆宜的乐高玩具便是利用了除法策略，将一个模型拆分成无数小的模块，游戏者可以发挥想象将这些小模块再次拼成任意新的模型。这是通过对原模型进行物理分割与重组实现的创新。再如分时收费的短租酒店或公寓。它们不同于传统的酒店或长租房，这些分时收费的短租酒店和公寓将自己的出租时间拆分成不同的时段，租客根据自己的需求分段租用，租客在租用时间内享有住宿权和其他相关权利。也就是说，所有权利按照不同的时间被分给了不同的对象。这也是除法策略的一种表现形式。以下通过电视遥控器和冻干粉这两个案例来进一步理解除法策略。

案例分析1：世界上第一款真正意义上的电视多功能无线遥控器诞生于1961年，它是由美国RCA Victor公司发明生产的，虽然形状厚实，但常用的切换频道、声音大小调整以及色彩、亮度等调节功能都已具备，几乎与现代电视遥控器无异。这项发明创造的理念与除法策略不谋而合，是将电视的按键从电视机体上拆解出放置到新的便携式可移动的装置上，最终实现了功能上的创新。

案例分析2：美容行业现下非常流行的一个概念——冻干粉，它是通过冻干技术先将美容液里面的水分冻结，然后在真空无菌的环境下将被冻结的水分升华，从而得到冷冻干燥的粉末状制剂，这样既可以在无添加剂的同时保留药物的生物活性，又便于存储和运输。商家将制好的冻干粉和与冻干粉搭配使用的溶剂分装在两个密封的药瓶中，使用者只需在使用时将二者融合在一起，便可以使用到新鲜的美容液。

阅读以上案例，和你的同伴聊一聊以上两个案例中对于除法策略的使用有何不同？

在《微创新：5 种微小改变创造伟大产品》一书中，作者将除法策略分为三种类型，即功能性除法（电视遥控器）、物理型除法（乐高玩具）和保留型除法（分时段酒店），但不论哪种类型，最关键的一步是挑选出关键功能并对其进行重组。

最后，总结一下，加减乘除策略通用的基本操作步骤如下：

第一步，分解产品，列出产品的所有组成部分。

第二步，选择其中一个组成部分，对其进行加减乘除策略的运用。

第三步，重新组合产品。

第四步，重新定义产品优势和市场定位。

第五步，通过改进产品提高可行性。

在实际操作过程中，加减乘除策略常常是可以混合使用的，因此，我们无须拘泥于判断究竟需要采取哪种创新策略，而是应当将这些策略作为启发我们创新的一种思路。正如华罗庚先生所说："人之可贵在于能创造性地思维。"

五、原型制作

原型制作（prototyping）是设计思维五步法的第四步，其具有非常重要的意义。首先，制作原型的过程是将想法和创意从大脑向现实落地的可视化过程，它可以更加直观地展示产品的特性；其次，原型可以验证产品的可行性。在产品被投入市场前，我们需要不断地对产品进行测试，验证设想是否可行。另外，通过原型制作，我们可以不断确认或否定设想，并且进行二次设想，不断迭代更新，优化产品性能。最后，原型制作的意义在于，通过可视化的手段，用较低的成本、在较短的时间内制作简易模型，快速试错，为测试做准备。

那么，我们应当如何制作原型呢？

第一步，绘制草图。在头脑风暴的过程中，我们就可以着手绘制草图。可以运用便利贴、大白纸、画板等工具，最大限度地展示出产品的外观、特性、功能、优势、市场定位、目标用户等信息。在制作草图时，无须拘泥于某种特定的表达方式，只要能够直观展示出产品信息即可。

第二步，制作原型。根据草图制作产品模型，使产品更加具象化。此时的产品模型既可以是完全复刻的产品原型，也可以是按比例缩小的产品模具。我们需要根据产品的特性去选择原型产品的材质、大小、精准程度等。制作产品模型的目的不是复刻产品，而是具象化展示产品的特性，为用户测试做准备。

六、测试

测试（test）是设计思维五步法的最后一步。制作好原型后，我们就可以开始测试产品了。首先，我们可以在团队内部进行角色扮演，这其实再一次让我们回到了移情的环节，让自己站在用户的立场去对产品进行提问并寻找缺点；其次，我们可以找到最初制订方案时选择的目标群体，向他们展示产品原型及其运作原理，同时设想一定的使用场景，最终获取反馈。测试的过程不会一帆风顺，当测试失败时，我们需要找到创新产品存在的问题与瓶颈，继续设想，甚至重新定义问题，直至问题解决。

测试的过程既是检验产品可行性的过程，也是发现问题、解决问题的过程。它能够帮助设计者更客观地看待产品，避免其因个人喜好、情感或经验对产品产生盲目自信，并且测试能够通过较低的时间成本和金钱成本实现产品迭代升级。

作为总结，我们重新梳理一下设计思维的五个步骤，即移情、定义问题、设想、原型制作和测试。需要特别注意的是，这五个步骤并不是单一的、线性的流程。设计思维五步法非线性流程图如图 3-8 所示，这五个步骤在实施的过程中可能是穿插、交汇进行的，因为当某个步骤的实施出现困难时，我们往往需要通过完善其他环节去解决这个难题。例如，在产品原型制作环节和测试环节中发现错误，我们往往需要再次设想，甚至通过移情重新定义问题。设计思维是一种伟大的思维方式，每一个环节的学习都能让学习者从中受益。它不仅改变了我们对周遭事物的思考方式，更为改变这个世界提供了无限可能。

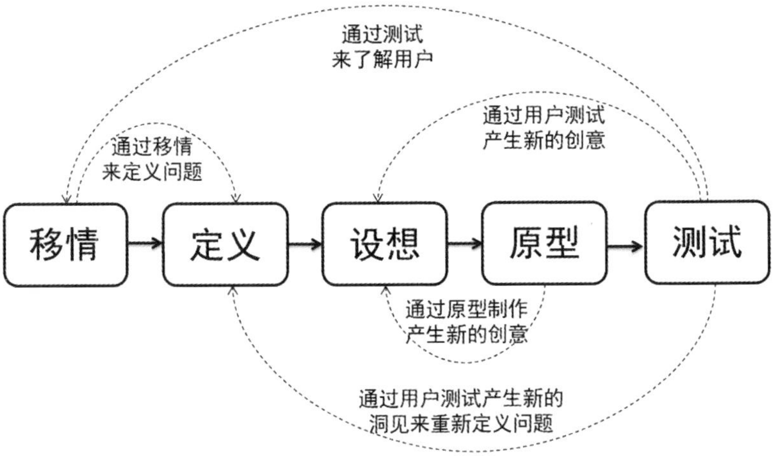

图 3-8　设计思维五步法非线性流程图

附：创新项目参考选题范围——联合国 17 个可持续发展目标

2015 年 9 月 25 日，联合国可持续发展峰会在纽约总部召开，联合国 193 个成员国在峰会上正式通过 17 个可持续发展目标。联合国可持续发展目标（Sustainable Development Goals）是联合国制定的 17 个全球发展目标（图 3-9），旨在从 2015 年到 2030 年间以综合方式彻底解决社会、经济和环境三个维度的发展问题。

图 3-9 联合国 17 个可持续发展目标

1. 无贫穷

在全世界消除一切形式的贫困。

1990 年以来，极端贫困率下降了一半。成绩虽然显著，但在发展中地区有五分之一的人仍旧生活在每天 1.25 美元的贫困线以下，千百万人每日收入勉强高于这个水平，还有许多人有返贫的风险。贫困不仅是缺乏收入和资源导致难以维持生计，还表现为饥饿和营养不良、无法充分获得教育和其他基本公共服务、受社会歧视和排斥以及无法参与决策。

2. 零饥饿

消除饥饿，实现粮食安全、改善营养和促进可持续农业。

饥饿人口数量（按营养不足发生率计算）已持续下降数十年，从 2015 年又开始缓慢增加。目前的估计数字表明，将近 6.9 亿人处于饥饿状态，占世界人口的 8.9%。一年内增加了 1000 万，五年内增加了近 6000 万。与此同时，目前有 8.2 亿饥饿人口，预计到 2050 年世界将新增 20 亿人口，要为他们提供营养，全球粮食和农业系统必须做出深刻的改变。提高农业生产力和可持续粮食生产对于减轻饥饿风险至关重要。

3. 良好健康与福祉

确保健康的生活方式，促进各年龄段人群的福祉。

确保健康的生活方式，促进各年龄段所有人的福祉对可持续发展至关重要。全球在改善数百万人的健康方面已经取得了重大进展，在增加预期寿命以及减少导致儿童和孕产妇死亡的一些常见病方面也取得了长足的进步。然而，各国还需付出更多努力，以根除一系列疾病，解决多种顽固和新型健康问题。通过为卫生系统提供更高效的资助，改善环境卫生和个人卫生，以及提高医疗服务的可及性，有助于挽救数百万人的生命。

4. 优质教育

确保包容、公平的优质教育，促进全民享有终身学习的机会。

获得高质量的教育是改善人民生活和实现可持续发展的基础，教育能够提升社会经济地位，更是摆脱贫困的关键。过去十年间，各级教育机会大幅增加，入学率显著提高，尤其是女童的教育机会和入学率。尽管如此，2018 年仍有约 2.6 亿儿童失学，占全球学龄人口的近五分之一。全世界超过一半的儿童和青少年还达不到最低的识字和计算能力标准。

5. 性别平等

实现性别平等，为所有妇女、女童赋权。

性别平等不仅是一项基本人权，也是世界和平、繁荣和可持续发展的必要基础。过去几十年取得的进展：上学的女童人数增多，被迫早婚的女童人数减少，更多的妇女任职于议会和担任领导，并且法律正在朝着促进性别平等的方向改革。尽管如此，仍然存在许多挑战：歧视性的法律和社会规范仍然普遍存在；各级政治领导层中的妇女人数仍然不足；在一年内，15 至 49 岁的妇女和女童中有五分之一曾遭受来自亲密伴侣的人身暴力或性暴力。

6. 清洁饮水和卫生设施

为所有人提供水和环境卫生，并对其进行可持续管理。

尽管获得清洁饮用水和卫生设施的机会已大大增加，但仍有数十亿人缺乏这些基本服务，他们大多生活在农村地区。全世界有三分之一的人口无法获得安全的饮用水，五分之二的人口缺乏基本的洗手设施，包括肥皂和水。人人享有清洁饮用水是我们所希望生活的世界的一个重要组成部分。地球上有足够的淡水可以让我们实现这个梦想。但由于经济低迷或基础设施陈旧，每年数以百万计的人口——其中大多数是儿童——死于供水不足、环境卫生和个人卫生相关的疾病。

7. 经济适用的清洁能源

确保人人获得可负担、可靠和可持续的现代能源。

能源是当今全世界共同关心的问题，处于几乎每一个主要挑战和机遇的核心。无论任何职业、安全、气候变化、粮食生产或增加收支，对所有人来说获得能源是必不可少的。种种积极迹象表明，能源正变得更可持续，并得到广泛普及。较贫穷国家的电力供应已经开始加速，世界各国能源效率持续提高，可再生能源占电力供应的比例显著提升。尽管如此，仍应更加重视帮助 30 亿人获得清洁和安全的烹饪燃料及技术，扩大可再生能源在电力部门以外的应用，并促进撒哈拉以南非洲的电气化。

8. 体面工作和经济增长

促进持久、包容、可持续的经济增长，实现充分和生产性就业，确保人人有体面工作。

持续和包容的经济增长可以推动进步，为所有人创造体面的就业机会，并改善人们的生活水平。世界人口中约有半数仍旧生活在每天大约两美元的水平。在许多地方，有工作不意味着能够摆脱贫困。进步的缓慢和不均衡要求我们重新思考和调整消除贫困方面的经济社会政策。可持续的经济增长要求社会创造条件，使人们得到既能刺激经济又不会危害环境的优质就业，也要求为所有达到工作年龄的人提供就业机会及像样的工作环境。2019 年新冠疫情造成经济和金融冲击，例如工业生产中断、商品价格下跌、金融市场动荡和不安全状况不断增多，使原本就已放缓的经济增长脱轨，加剧了其他因素带来的风险。

9. 产业、创新和基础设施

建设有风险抵御能力的基础设施、促进包容的可持续工业，并推动创新。

包容性、可持续的工业化，加上创新和基础设施，能够释放经济活力，提高经济竞争力，从而创造就业岗位和收入，在引进和推广新技术、促进国际贸易以及提高资源利用效率方面也发挥着关键作用。然而，要充分挖掘这一潜能，各国仍有很长的路要走。尤其在最不发达国家，要实现 2030 年目标，就必须加快制造业的发展，并扩大对科学研究和创新的投资。加快增长速度和城市化步伐，也需要继续投资建设可持续的基础设施，来加强城市应对气候变化的能力，同时促进经济增长和社会稳定。

10. 减少不平等

减少国家内部和国家之间的不平等。

国际社会在帮助人们摆脱贫困方面已经取得长足进步。最脆弱的国家，包括最不发达国家、内陆发展中国家和小岛屿发展中国家继续在脱贫方面取得进展。减少不平等现象并确保不让任何一个人掉队对实现可持续发展目标至关重要。国家内部和国家之间的不平等现象一直令人忧虑。虽然在某些方面已出现了不平等现象减少的积极迹象，例如一些国家的相对收入不平等现象正在减少，低收入国家在贸易中享有优惠待遇，但不平等现象依然存在。

11. 可持续城市和社区

建设包容、安全、有风险抵御能力和可持续的城市及人类社区。

城市在各种观念、商业、文化、科学、生产力、社会发展进程中起着枢纽的作用。城市在最佳状态运行时，人们能在社会和经济方面得到提高。全球城市化程度越来越高。自 2007 年以来，全球已有超过一半的人口搬到城市中，预计到 2030 年，这个比例将上升至 60%。城市和大都市区是经济增长的动力，贡献了约 60%的全球生产总值。但是，与此同时，这些地区的碳排放量占世界总排放量的约 70%，资源使用量占 60%以上。快速城市化正在导致越来越多的问题，包括贫民窟居民的数量增加，垃圾收集、供水系统、卫生系统、道路和交通运输等基础设施和服务不足或负担过重，空气污染加剧，城市无计划扩张等。

12. 负责任消费和生产

确保可持续消费和生产模式。

可持续的消费和生产是指促进资源和能源的高效利用，建造可持续的基础设施，以及让所有人有机会获得基本公共服务、从事绿色和体面的工作、改善生活质量。它的落实有助于实现总体发展规划，减少未来的经济、环境和社会成本，加强经济竞争力和减少贫困。全球的消费和生产推动着全球经济发展，但依赖于对自然环境和资源的利用，目前的利用模式会持续对地球造成破坏性影响。可持续消费和生产意味着用更少的资源做更多、更好的事，也意味着消除经济增长与环境退化之间的关联，提高资源效率，促进可持续生活方式。可持续消费和生产还将有助于减缓贫困，向低碳和绿色经济过渡。

13. 气候行动

采取紧急行动应对气候变化及其影响。

2019 年是有记录以来气温第二高的一年，也是有记录以来最热的十年（2010－2019）的最后一年。2019 年，大气中的二氧化碳和其他温室气体含量达到新高。气候变化正在影响每个大陆上的每个国家。天气模式正在发生变化，海平面不断上升，天气事件变得更加极端。如不采取行动，本世纪的升幅可能超过 3 摄氏度。由于气候变化影响到经济发展、自然资源和消除贫困工作，如何应对气候变化已成为实现可持续发展的棘手问题。拿出负担得起、可升级的气候变化解决方案，确保过去几十年取得的进展不会因气候变化而停滞，并确保各国经济的健康和复原力。

14. 水下生物

保护和可持续利用海洋及海洋资源以促进可持续发展。

海洋驱动着多个全球系统，让地球变得适宜人类居住。我们的雨水、饮用水、天气、气候、海岸线、多种粮食，甚至连空气中供我们呼吸的氧气，从本质上讲都是由海洋提供和调控的。妥善管理这一重要的全球资源，对建设可持续的未来至关重要。但是当前，沿海水域由于污染而持续恶化，海洋酸化对生态系统功能和生物多样性造成不利影响。这对小型渔业也产生了负面影响。我们必须始终优先考虑拯救海洋。海洋生物多样性对人类和地球的健康至关重要。海洋保护区需要进行有效管理并且配备充足的资源，同时需要建立相关法律法规，以减少过度捕捞，减轻海洋污染和海洋酸化。

15. 陆地生物

保护、恢复和促进可持续利用陆地生态系统、可持续森林管理、防治荒漠化、制止和扭转土地退化现象、遏制生物多样性的丧失。

自然对我们的生存至关重要。自然为我们提供氧气，调节天气状况，让农作物得以授粉，为我们提供粮食、饲料和纤维。但是，自然承担的压力越来越大。人类活动已经改变了地球表面近 75%的区域，将野生动植物和自然挤进地球上越来越小的角落。人类活动和气候变化引起的毁林和荒漠化是实现可持续发展的主要挑战，已经影响到数百万人的生活和生计。森林对于维持地球上的生命至关重要，在应对气候变化中发挥着重要作用。对土地复原进行投资至关重要，有助于改善生计、降低经济风险。

16. 和平、正义与强大机构

促进有利于可持续发展的和平和包容社会、为所有人提供诉诸司法的机会，在各层级建立有效、负责和包容的机构。

致力于为实现可持续发展建设和平与包容的社会，为所有人提供司法救济途径，以及在各级建立有效和问责的体制。当今世界冲突不断，安全形势严峻，机构能力不足，人们诉诸司法的渠道有限。这些问题仍然是可持续发展的重大威胁。2018 年，逃离战争、迫害和冲突的人数超过 7000 万，创下联合国难民事务高级专员办事处（难民署）成立近 70 年来的最高纪录。2012 年，在里约G20大会上，各国重申将自由、和平和安全以及尊重人权纳入基于千年发展目标的新的发展框架，强调公正、民主的社会是实现可持续发展的必要条件。

17. 促进目标实现的伙伴关系

加强执行手段、重振可持续发展全球伙伴关系。

只有加强全球伙伴关系和合作，才能实现可持续发展的目标。一项成功的发展议程需要在全球、区域、国家和地方各级建立包容性的伙伴关系。这种伙伴关系必须基于原则和价值观，建立在以人与地球为中心的共同愿景和目标之上。这些包容性伙伴关系基于原则和价值观、共同的愿景和共同的目标：把人民和地球放在中心位置。不论在全球层面、地区层面抑或国家层面、地方层面，这些包容性伙伴关系都不可或缺。

想要获得更深度的探索请前往联合国 17 个可持续发展官方介绍网站：https://www.un.org/sustainabledevelopment/zh/。

本章小结

1. 设计思维是一种强调发挥团队力量与智慧的创新思维与创新方法，其核心特点为充分考虑“人的需求、人的体验、人的感受”。

2. 设计思维重在解决抗解问题。

3. 抗解问题具备三种特质：抗解问题中一定涉及多个利益相关者；对问题本身的不同定义决定了解决方案的方向；解决方式没有对错，只有好与不好。从不同的角度来看问题，没有单一清晰的解决方案，也没有永远不变的解决方案。

4．设计思维五步法为移情（empathize）、定义（define）、设想（ideate）、原型制作（prototype）、测试（test）。

5．移情的三种方式为跟踪与观察、沉浸式体验、调查与访谈。

6．定义问题的工具为绘制用户画像。

7．启发创新思维的工具为加减乘除策略。

第四章　让创新成为习惯——案例研究

本章导读

前三章的内容讲到批判性思维和创新设计思维涉及的一些产品案例，但各有侧重，并没有从全面的视角对相关案例进行剖析。本章将会挑选一些批判性思维和创新设计思维的相关典型案例进行全面的分析，力求呈现一个全面的视角，加深大家对理论知识的理解和运用。

掌握创新设计思维并非要模仿案例、跟随案例，力求达到案例的高度，而是要在掌握批判性思维的前提下，根据特定的问题，围绕不同的客户需求，探索出独特的解决问题的创新方案。通过以下案例，大家可以继续深化理解批判性思维和创新设计思维的基本理念与流程。

一、Eatwell 餐具套装

（一）背景

姚彦慈是一名台湾设计师，她从患有阿尔兹海默病的外婆无法自理生活的事件中得到灵感，患有这种病的人，双手会有不同程度的颤抖，影响日常生活和用餐。吃饭，对于普通人来说是太正常不过的动作，但是对于阿尔兹海默病患者来说就没那么容易了。自从她的外婆得了阿尔兹海默病后，逐渐丧失自主能力，连吃东西都变得很困难。她希望能借助这一设计帮助外婆和更多有认知障碍的病人。

（二）创新过程

1. 同理心

在确定想要帮助外婆和阿尔兹海默病患者这一想法之后，姚彦慈投入到了调研当中，她去当地医院做义工，与医生、护士进行交谈，在帮助阿尔兹海默病患者的过程中，观察他们的生活，总结出他们面临的诸多困难。

2. 定义问题

阿尔兹海默病患者遇到的困难有很多，但最终姚彦慈聚焦了一个问题来解决——病患无法自主进食的问题，这对他们来说是最重要也是亟待解决的问题，且可解决的空间较大，具有可实现性，所以准确定义要解决的问题是非常重要的前提。

3. 设想

在设想这一步，姚彦慈使用头脑风暴进行了各种方案的设想，包括各种细节的设想，从餐具的颜色到形状和材质，进行很多设想和对比，确定可行性方案。比如波士顿大学研究表明，亮色系的餐具可以跟食物形成对比，方便使用者辨别食物，据说可以有效帮助老人多摄取 24%的食物和 84%的水。

4. 原型制作

在确定设想方案后就要制作产品原型了，看似简单的缤纷餐盘，即由 20 个餐具组成，里面还暗藏了不少玄机，比如汤匙、叉子的角度被设计得比较方便抓握；杯子内部的高低差，让吸管不易滑动。这些小细节，让这套餐具不知不觉中帮助老人摄取更多的食物。

5. 测试

在制作出原型后，姚彦慈将这些餐具提供给阿尔兹海默病患者进行试用，进一步观察和记录问题，一次又一次地去完善修改产品设计，确定了最终设计方案。

（三）创新成果及反馈

全球范围内，阿尔兹海默病患者共有 4400 万人，而到了 2050 年，我国阿尔兹海默病患者将达到 2760 万人，全球患者数量达到 1.35 亿人。如果缺少相应的医疗投入，那么未来大部分家庭将会承受惊人的经济负担及心理负担。在这样的背景下，Eatwell 这样的产品也就有了更多的社会意义。

Eatwell 并没有太多的技术难度，但却能解决世界上一部分人的现实生活问题，提高了阿尔兹海默病患者的自理能力，也能减轻照顾者的负担。可见，解决社会难题的，不一定是高科技，有时候是爱和设计，这正是创新设计思维以人为本核心精神的完美体现。

Eatwell 餐具也获得了 2014 年斯坦福长寿中心“设计竞赛”（Design Challenge）首奖。

附：Eatwell 网络视频 https://v.youku.com/v_show/id_XMTUxNTY3MjQzNg==.html

二、Embrace 婴儿保温袋

（一）背景

在全世界，每年会有 2000 万体重过低的早产婴儿，有超过 100 万名婴儿在一个月内因为缺乏妥善的照顾而早夭，而这其中 98%的夭折现象都发生在发展中国家。在印度、南非等贫穷地区，由于市立医院较少，许多幼小的生命在去往医院的长途中无法得到合适的照顾，又或者因为父母无法支付每天约 130 美元的传统保温箱使用费用而去世。即使能够及时送往医院，也常常会出现因为对保温箱操作不当而发生的早夭事件。

Jane Chan 是斯坦福大学的学生，她在设计思维的课程中被分配了一个课堂项目，即要使用设计思维设计一款新的婴儿保温箱。当 Jane Chan 了解到现实情况后，她决定要为那些贫穷地区的孩子——不幸过早夭折的早产儿们做些什么。

（二）创新过程

1. 同理心

在这个阶段，需要充分地去理解和观察，理解她与她们团队要去帮助解决问题的群体。他们的问题和需要是什么？他们面对的真实情况是什么？基于此，Jane Chan 与她的团队来到孟加拉的大型医院，与当地护士、医生进行交谈，通过对现场情况的观察以及向专家请教，了解到婴儿保温箱的设计背景，继而发现了当地的现状：虽然婴儿保温箱的价格偏高，但是很多机构会向当地医院提供捐赠，医院并非没有保温箱，但即使如此，医院的保温箱里也没有婴儿。创新团队又来到医院附近与居民做访谈，他们来到附近的村庄家庭做调查，最终发现了问题所在。

同理心工具：同理心地图可以帮助讨论、提升对客户的真正理解；讨论观察到了什么，从而推断出客户群体的信念和情感是什么；完全站在客户的角度，充分理解他们的需求、痛点以及需要解决的问题。

步骤：

（1）准备一张大白纸。

（2）在中间画一个圈，如果研究的角色是人，就写上角色的姓名；如果研究的角色是部门，就在圆圈上写部门的名称。

（3）将与角色相关的区域分成 7 份，分别标注为想到的、看到的、说过的、感到的、担心的、做过的、听到的。

（4）以小组为单位，移情到角色身份来描述每个部分角色的经历、经验以及听到、看到和感受到的信息。

（5）将小组的意见综合，找出角色确实想要什么，驱动该人动机的要素是什么，以及我们可以为他做点什么。

结果：帮助合成观察，找出没有想到的探索结果，以此产生一个移情用户角色的身份，来评估我们的假设正确与否，讨论我们的价值和使命是否满足用户的需求，是否能解决用户的问题。

小贴士：在同理心地图中，大家要像电影演员一样，将客户的特征集中到一个演员的身上，他并不代表一个人，而是一个群体。比如糖尿病人，他们一般是中老年人，多饮、多尿、多食和消瘦，疲乏无力。在整个活动中，可以给角色起名为“唐童酷”（唐痛苦），男性，50 岁。这时我们不管参与者是男性还是女性，不管年龄有多大，这时一律都是 50 岁男性，名字就叫唐童酷，而且在后面和客户相关的讨论和汇报时，一律不许说“他”，必须说“我唐童酷……”

2. 定义问题

Jane Chan 与团队成员发现，最主要的问题在于，由于当地交通十分不便利，产妇们在生产时从家里到医院会花费大量时间，婴儿本身又十分脆弱，经过 4～6 小时颠簸赶到医院时可能已经去世了。他们定义要去解决的问题是：怎样让新生的早产儿快速到达医院，让小婴儿尽快住进保温箱？好像问题所在已经很清晰了：为医院设计一个更加便宜的婴儿保温箱没有意义，解决不了根本问题，他们需要设计出一种能够帮助运输的婴儿保温设备，比如直接在车上使用、不需要耗电的产品。

3. 设想

Jane Chan 与团队成员开始进行头脑风暴，他们使用了用户画像，即同理心地图，用户画像中的每个人都是用户，通过角色扮演，深刻体现客户的处境和需求，明白利益相关者担心的是什么，需求是什么，从而决定做什么样的解决方案。在这个案例中，每个人都设想自己就是即将生产的产妇，这样的处境中，每个人会做什么，每个人的心理状态是怎样的，每个人关心的是什么，每个人的决定是什么，都写下来，然后一起讨论，设想更多解决这些问题的方案。

4. 原型制作

创意团队经过头脑风暴，做出了 100 多个产品原型，最终选定了一个方案：睡袋式的婴儿保温袋，取名 Embrace。这款 Embrace 保温袋，由一个婴儿睡袋，加上一个蜡包和一台加热机构成。蜡包的熔点是人体温度 37°，把加热熔化的蜡包放进睡袋夹层，蜡包会在凝固的过程中放热，整个恒温供暖可持续 4～6 小时。

5. 测试

Jane Chan 与团队成员回到村庄，为村民们进行婴儿保温袋产品原型的演示，通过对母亲们使用体验的调研，创新团队发现设计中还存在着一些看似不起眼但实则非常重要的问题，例如，有些婴儿个头很小，妈妈无法看到婴儿保温袋里宝宝的脸，就会十分担心孩子是否安好且有呼吸，通过这种反复的沟通与改进，创新团队最终了解了当地用户的使用方式和真实顾虑，进一步完善了婴儿保温袋的设计。

（三）创新成果及反馈

斯坦福大学 Jane Chan 设计思维创新团队成功研发的 Embrace 便携育婴保温袋，比起传统的婴儿保温箱，使用更加安全、简单，只需要间歇性充电，一次充电即可使婴儿的体温维持在 37 摄氏度长达 4 到 6 小时。而且 Embrace 的价格也十分便宜，约 25 美金，这仅仅是传统婴儿保温箱的百分之一价格。另外，Embrace 的材质使用的是可循环反复利用的环保材料，这也符合环保理念。

这个实用的婴儿产品在投入印度、尼泊尔等地后广受欢迎，拯救了数百万需要温暖的早产儿。Jane Chan 最初的一个创想，真正改变了世界。而 Embrace 公益团队的努力，也唤醒了全社会的正能量，不断受到来自各界的支持，甚至获得流行天后碧昂斯（Beyoncé）的关注和美国前总统贝拉克 • H.奥巴马（Barack H.Obama）的特别表彰。

自 Embrace 成立以来，已经有超过一万名发展中国家的早产婴儿得益于育婴保温袋。2014 年，Embrace 获得了包括《经济学家》杂志颁发的“经济学家创新奖”在内的多项奖项，也得到了社会各界的认同和投资。

附：Embrace 网络视频链接https://v.qq.com/x/page/h0845iqnzh8.html

三、为盲人而设计

（一）背景

中国传媒大学设计思维创新中心与北京红丹丹视障文化服务中心进行合作，用创新设计思维的方法为视觉障碍用户设计实用产品，以帮助他们克服生活中的困难和障碍，提升生活质量。

背景聚焦：截至 2010 年，根据残疾联合会的数据，中国已有 1263 万视觉障碍残疾患者，且这个数字一直处于持续增加的状态，大家可能会有这样一个疑问：我国有这么多视觉障碍人士，但为什么在平常却很少见到他们呢？这是因为视觉障碍患者往往深居简出，他们的交际圈都非常窄，有很多盲人甚至平时都不敢出门，无法克服心理上的障碍。但是，残障人士和我们普通人一样，都要面临生活问题，比如上学、工作谋生、承担家庭责任等，由于各种原因，他们还要面对生活中的种种不便，包括基础服务设施缺失、就业机会有限、社会的误解与偏见等。

这里有一个案例：

近期，“视障阿姨因导盲犬排尿被邻居投诉 2 年”的新闻出现在了话题热搜榜：上海双目失明的刘阿姨申请了一只导盲犬查德协助出行，根据规定，导盲犬需要在室外定点排便。虽然刘阿姨在它排便前，都会套上便袋，但由于查德是雄性，大便可以排在便袋里，小便只能排在路边，这引起了小区邻居的强烈不满。刘阿姨遭到了很多投诉，最后不得不每次都牵着狗到小区外的路边去排便。刘阿姨带狗在路边摔倒的视频在社交媒体上被广泛传播后，多家媒体报道了这件事。小区邻居的态度让很多人觉得无法接受。之后，这件事得到了初步解决。在街道、居委会、物业、小区居民的共同商讨下，将为刘阿姨在小区内开辟一块无障碍场地，满足狗狗的排泄需求，物业也会派人定点冲洗。

当然我们可以用批判性思维的视角去理性地分析这个事件，但是毋庸置疑的是，这件事却真实地撕开了残障人士艰难生活的一角，而我们的创新设计思维就可以帮助到他们。

（二）创新过程

1. 同理心

中国传媒大学的创新团队去红丹丹中心进行了走访调研，他们与盲人朋友们相互交谈接触，了解到他们的生活状态和面临的困难，另外，他们还亲身体验了盲人的生活，尝试戴上眼罩、使用盲杖行走、听声音、看电影，进行基本的生活事项等。

通过这些出于理解和观察的方式，创新团队获得了一些真实的信息：盲人并不是像我们想象的那样，在生活中什么事都不能做，他们可以独立做很多事情，可以自己出行，可以自己做饭，也可以阅读、看电影、查找信息等。盲人很渴望人们的帮助，但他们的内心是很没有安全感的。同时，他们也希望保持尊严，获得别人的尊重，保持生活的自主独立性，尽量自己可以独立解决生活中的问题。

2. 定义问题

在进行了同理心调研之后，创新小组成员回到工作室，共同分享了这次体验以及每个人看到的和理解到的盲人群体的生活故事。对这些信息进行了梳理，包括姓名、性别、年龄、工作、婚姻、爱好等方面，对盲人朋友的所说、所思、所想进行了综合的分析，最终发现了一系列问题。团队进一步将小组分为四组，分别定义了盲人出行、盲人厨房、盲人社交、盲人定位等需要解决的问题方向。

3. 设想与原型

接下来，小组成员使用头脑风暴进行创新原型的设想，针对盲人生活的新创意层出不穷。其中一组学生使用乐高玩具搭建了“盲人厨房”原型。这组学生这样描述他们的创意成果：你可能从来都没有尝试过闭着眼睛煮食物，但试想一下，如果你别无选择，你会怎么办。对于世界各地失明和视力受损的人来说，这个本来很简单的任务却是十分困难的，因为充满了危险。基于此，这组学生设计出一组安全的炊具，利用独特的内翻式锅边使视觉障碍人士更方便地翻炒菜肴，而不会将菜洒得到处都是，学生们还在普通的刀具上增加了保护外罩，让视力障碍患者能够安全地切菜，另外，这些炊具的使用不仅仅局限于视力障碍患者，也能让初学者更好地享受烹饪的乐趣。

4. 测试与迭代

创新团队成员再次回到服务中心，向残障人士展示他们的设计构思，获得了更多用户反馈，例如：比起依靠触觉获取信息，盲人朋友更喜欢听觉提示；在生活场景中盲人朋友能够熟练进行各种操作，可以解决很多生活问题（例如菜刀很少切到手）；生活物品只要放在固定位置，就能方便地找到等。创新团队回到工作室，重新思考创新方案，有的小组推翻了原有设计，构思了全新的设计方案。

（三）创新成果及反馈

中国传媒大学设计思维课程产出五个设计概念，分别是：让信息来找盲人的智能盲杖、不外溅菜的炒锅、不切手的弹簧菜刀、发声盲尺以及安全信息定位系统。中国传媒大学设计思维创新中心邀请来自红丹丹组织、SAP 公司的公益项目负责人、专家等参加了创新成果演示会。

红丹丹项目负责人曾鑫也是一位弱视人士。她在听完项目汇报后表示：与其他助残志愿行动相比，中国传媒大学设计思维创新团队真正关注到视障人士生活的细节。她希望与中国传媒大学设计思维创新中心合作，将设计构思转化为真正的产品。

参与本次创新项目的学生这样写道：“整个流程走下来，虽然产品还有些需要继续改进的地方，但是我们都深刻体会到了团队合作带来的化学实验一样的效果，也感受到了设计思维神奇的地方。我们都体会到了创新与合作，收获了乐趣。在与盲人的相处过程中，他们给了我们一些关于人生的教导……他们教会了我们乐观的人生态度。在帮助他们的过程中，我们受到了他们的感染，感受到生活中纯粹的快乐。”

设计思维为什么如此重要？首先，它提供给大家一种发现核心问题和实现创新的基本工具，以及如何在各种环境里使用这些工具解决问题；其次，设计思维提供了一个与自然思考问题有些不同的方法来思考，和过去多年大家在课堂里面对的大多数问题不同，这里的问题基本没有唯一的正确答案，因为设计思维解决的是开放性的抗解问题；最后，在这个过程中，设计思维还会带来其他收获，包括团队协作、基本社会研究能力和讲演能力等。（案例来源于《设计思维创新导引》）

四、公益项目案例：“一公斤盒子”

设计思维的核心精神包含两个方面：一是以人为本，即从社会某一群体的问题和需求出发，帮助他们解决某一个问题，体现人文关怀；二是创新，在前面的章节讲述了创新的含义，以及创新与批判性思维的关系，而以人为本的内涵最容易让我们联想到公益事业。如何用设计思维来进行公益产品的创新？请看以下案例。

（一）背景

“多背一公斤”是一项知名的民间公益活动，它的愿景是每个孩子都眼中有光，乐享多元世界；它的使命是用设计的力量让每个村庄成为没有围墙的学校；它的价值观是专注教育公平、用专业承载爱、从儿童视角出发、相信并去创造、主动自我成长。

随着工业化、城市化的进程，城乡教育差距日益加剧。在硬件设施改善的同时，大量乡村孩子在应试化的教学、有限的资源、匮乏的师资里承受着教育的不公平。“多背一公斤”公益活动创始人安猪和他的志愿者们在长期的实地观察了解中发现，农村学校缺乏教学资料，师资力量不足，在美术、音乐、体育等课程中尤其明显，教学方法及教具的不当，也导致教学效果不理想。

（二）设计思维过程

在通过同理心调研明确真正的需求后，团队全面分析、综合了各种反馈信息，项目团队自主研发设计了一系列公益产品“一公斤盒子”。

“一公斤盒子”其实是一个教学工具包，包括美术、手工、阅读、戏剧等课程，一个盒子代表一个班级的一节主题课，里面有教师使用的活动指南和课程材料，帮助志愿者和老师为学生们带来多元的通识课程体验。团队通过发放盒子给部分学校试用，不断地收集反馈并加以改进，使这一产品不断完善。

每个盒子都回应孩子生活成长中的某个问题，并通过游戏让孩子们掌握知识技能。每个盒子都包含了教学方法和教具，能使没有教学经验的老师、志愿者甚至是孩子自己，都可轻松地开展学习活动。创始人安猪说：“从需求出发，从一个简单的概念开始，快速制作模型，测试测试再测试，调整功能控制，不断提炼和拓展。”这便是创新设计思维的完整过程。

（三）创新成果与反馈

在 2011 年夏天，“一公斤盒子”开始将有趣的学习主题通过设计放进盒子里，送到乡村老师手上。这个尝试获得了众多乡村学校、基金会、企业以及支教志愿者的支持与参与。截至 2019 年底，全国超过 57 万个学生从中受益，项目已覆盖 5500 多所学校，覆盖了全国几乎所有省份。

通过教学设计与老师支持，“一公斤盒子”让优质的学习内容和体验以最低成本的方式输送给最有需要的学生，这样，更多的孩子可以获益。通过洞察乡村孩子的真实需求，陆续设计出生活、阅读、创作、社会等各种主题的盒子。同时，将教育设计的方法与工具向乡村老师和支教志愿者输出，让一线的教育实践者也拥有教育创新的力量。

（四）“一公斤盒子”背景下的设计思维

团队走访乡村时，曾发现一个令很多老师困扰的问题：学生爱吃不健康的零食，怎么说都不听。如何让学生主动远离垃圾食品呢？团队想用设计思维解决这个问题。

如果是大家，会怎么解决？在学校举办远离垃圾食品海报大赛？或者给学生看垃圾食品危害的相关资料？

“一公斤盒子”团队的做法是前往学校，和老师、学生一起做了大量的访谈、观察，并在纷繁复杂的信息中提取到这个问题的关键切入点：学生不知道怎么判断哪些零食是健康的，哪些是不健康的。

观察 1：老师一直都跟学生强调不要吃不健康的零食，但是学生总是不听。

观察 2：学生说：老师只是告诉我们不要吃不健康的零食，不要吃这些和那些零食，但是，也没有告诉我们为什么这些不能吃，也没有告诉我们怎么选零食。

洞察：学生还会吃不健康的零食，是因为他们不知道怎么判断这些零食是不健康的。

对此，团队设计了零食盒子，打开盒子，里面有许多精美食物卡片和贴画，以及一些小任务，一共有 3 块内容：了解食物成分，初步了解健康和不健康的食品；知道分类和区别好、中、差不同等级的食品；完成红黑榜任务。经过实践，大大减少了乡村孩子们吃垃圾食品的情况，很多老师反馈说，孩子们已经可以主动拒绝不合格的零食了。

从案例中大家会看到，找到核心问题，再去设计解决方案，方向上就很清晰了。这就是设计思维的魅力所在。无论大家想设计一个产品、项目，还是打造一个系统，都需要在各种复杂的情境里寻求最优解，但传统的思维惯性往往花费大量时间在解决方案上，而设计思维一定会先考虑用户的需求是什么。

所以，在做解决方案之前，先沉浸在用户中，深刻理解用户真实、核心的需求才最关键。当大家遇到一个问题，渴望找到一个有效的解决方案时，设计思维会是一个极好的工具，它可以帮助我们理解用户的真实需求并获得洞察，同时将问题和挑战转化为创新的机遇，并通过快速设计原型以及反复测试来寻找有效的解决方案。

（案例来源于“一公斤盒子”官方网站）。

五、总结

掌握设计思维的前提并非是要模仿案例、跟随案例，力求达到案例的高度，而是要去理解案例中体现出来的方法，领悟案例的意义。在以往的课程学习中，很多学生小组通过学习设计思维的方法设计出了优秀的产品，各小组从联合国 17 个可持续发展目标中选择一个感兴趣的方向，并在之后的步骤中明确自己的题目，运用批判性思维以及设计思维的工具或思维模式来寻找值得被解决的问题，并且提出相对应的解决方案，在全校创新成果大赛上呈现出了非常多优秀的产品。如图 4-1 所示为西安欧亚学院学生的创新成果作品。

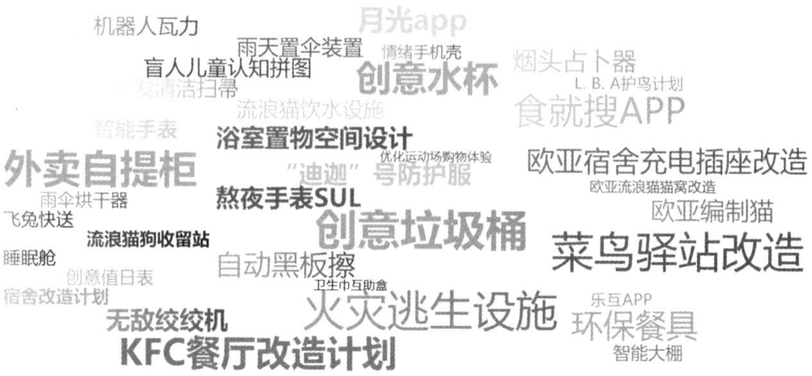

图 4-1　西安欧亚学院学生创新成果作品

关于案例中体现的批判性思维，我们每个人可以以更加开放的心态去看待，著名批判性思维学者董毓老师曾说过：“一个具备批判性思维精神的人一定是一个‘虚怀若谷，坚守理性，勇于探究’的人。”包容、开放和理性的态度其实也是设计思维所体现和倡导的精神。

结语

创造性思维不仅是观察并提出一个想法、找到解决问题的新方法的能力。更重要的是，这种能力并不局限于设计师、音乐家或者其他艺术家这些有创造力的人。所有人都可以通过训练获得创造性思维并从这种思维中获益，为我们带来不一样的观点甚至是行动。

创造力是从现有事物中创造新事物的能力，是以不同的方式思考的能力，并为解决方案提供新的角度和视角的能力。它是思考的源泉、革新的动力。它鼓励大家从其他角度看问题，对新的解决方案抱有一种开放的姿态。

创造性思维可以通过学习“批判性思维”和“设计思维”的技巧而获得。理性与反思性的思考习惯是进行创新的准备和基础，具体包含审慎判断、合理的分析、辨别、解释与推理等。设计思维则是进行创新的方法，是一套如何进行创新探索的方法论，它包含触发创意的核心——“以人为本”，即以人的生活品质持续提高为目标，以人的需求为出发点来开展创意的设计和创意的实践。批判性思维与设计思维相辅相成、相互交融，它们以实现创造性思维品质和能力为目标。

希望读者能够通过对本书的阅读、结合实际案例活动与坚持不懈的训练灵活运用批判性思维与设计思维的相关知识，获得并提升自己的创新能力，为日后的学习、生活提供助力。愿我们的读者能够将创新烙在自己的DNA 中，成为优秀的思考者。

参考文献

[1] 罗伯特 •J.斯滕博格，托德 •J.卢伯特．创造力的概念：观点和范式[M]/罗伯特 • J.斯滕博格．创造力手册[M]．施间农，等译．北京：北京理工大学出版社，2007．

[2] 鲁百年．创新设计思维：设计思维方法论以及实践手册[M]．北京：清华大学出版社，2015．

[3] 管理科学技术名词审定委员会．管理科学技术名词[M]．北京：科学出版社，2016．

[4] 德鲁 • 博迪，雅各布 • 戈登堡．微创新：5 种微小改变创造伟大产品[M]．钟莉婷，译．北京：中信出版社，2014．

[5] 伊恩 • 阿特金森．创新力：创造性解决问题的 12 种思维工具[M]．徐诚，田尧舜，译．北京：人民邮电出版社，2016．

[6] KANT, I. An Answer to the Question: "What is Enlightenment?"[M]. London: Cambridge University Press, 1784.

[7] BRONS, L, L. Truth, rhetoric, and critical thinking[M]. Tokyo:Lakeland College, 2014.

[8] 理查德 • 保罗，琳达 • 埃尔德．批判性思维工具[M]．乔苒，徐笑春，译．北京：新星出版社，2006．

[9] 董毓．批判性思维原理和方法：走向新的认知和实践[M]．北京：高等教育出版社，2017．

[10] 彭聃龄．普通心理学[M]．北京：北京师范大学出版社，2004．

[11] 谷振诣，刘壮虎．批判性思维教程[M]．北京：北京大学出版社，2006．

[12] 武宏志. 论批判性思维[J]. 广州大学学报(社会科学版), 2004, 3(11): 10-16.

[13] GLASER E M An Experiment in the Development of Critical Thinking [M]. New York: Advanced School of Education at Teachers College, Columbia University, 1941.

[14] 蒂姆·布朗. IDEO，设计改变一切[M]. 侯婷，何端青，译. 杭州：浙江教育出版社，2019.

[15] 哈索·普拉特纳. 斯坦福设计思维课 1：认识设计思维[M]. 姜浩，译. 北京：人民邮电出版社，2019.

[16] 方怡青. 设计思维的 77 种工具[M]. 北京：电子工业出版社，2020.

[17] 简书，https://www.jianshu.com/p/baeb7e6ce780?from=timeline.

[18] 采铜. 精进：如何成为一个很厉害的人[M]. 南京：江苏凤凰文艺出版社，2016.

[19] 石佳. 何谓哲学反思[J]. 甘肃理论学刊，2015（03）：87-91.

[20] 孙正聿，欣文. 哲学反思之路：孙正聿教授访谈[J]. 学术月刊，2002（9）：105-112.

[21] 张志，黄鑫. 轻松学会独立思考[M]. 北京：九州出版社，2015.

[22] 巴巴拉·明托. 金字塔原理[M]. 王德忠，张洵，译. 北京：民主与建设出版社，2002.

[23] 朱锐. 批判性思维与创新思维的关系研究[D]. 北京：中央民族大学，2017.

[24] 冯艳. 论批判性思维与创新的关系[J]. 燕山大学学报. 2012（12）：22-25.

[25] 霍雨佳. 批判性思维的要素及其关系[J]. 重庆理工大学学报（社会科版），2019（7）：16-33.

[26] 布鲁克·诺埃尔·摩尔，理查德·帕克．批判性思维[M]．朱素梅，译．北京：机械工业出版社，2016．

[27] 尼尔·布朗，斯图尔特·基利．学会提问[M]．吴礼敬，译．北京：机械工业出版社，2019．

[28] 周建武．简明逻辑学：逻辑认证与批判性思维[M]．北京：中国人民大学出版社，2021．

[29] 布鲁斯·N.沃勒．优雅的辩论：关于15个社会热点问题的激辩[M]．杨悦，译．北京：中国人民大学出版社，2015．

关于引用作品的版权声明

学习笔记